AF547789

Eine Methodik zur analytischen Gewichtsabschätzung und Bewertung von Strukturverbindungen im Flugzeugvorentwurf

Bei der Fakultät Luft- und Raumfahrttechnik und Geodäsie der Universität Stuttgart zur Erlangung der Würde eines Doktor-Ingenieurs (Dr.-Ing.) genehmigte Abhandlung

Vorgelegt von
LAURA T. BEILSTEIN
aus Freiburg i. Br.

Hauptberichter:	Prof. Dipl.-Ing. Rudolf Voit-Nitschmann
Mitberichter:	PD Dr.-Ing. Stephan Rudolph
Tag der mündlichen Prüfung:	10. September 2012

Institut für Flugzeugbau der Universität Stuttgart
2012

Bibliografische Information der Deutschen Nationalbibliothek
Die Deutsche Nationalbibliothek verzeichnet diese Publikation in der Deutschen Nationalbibliografie; detaillierte bibliografische Daten sind im Internet über http://dnb.d-nb.de abrufbar.
1. Aufl. - Göttingen: Cuvillier, 2012
Zugl.: Stuttgart, Univ., Diss., 2012

978-3-95404-293-7

Nonnenstieg 8, 37075 Göttingen
Telefon: 0551-54724-0
Telefax: 0551-54724-21
www.cuvillier.de

1. Auflage, 2012
Gedruckt auf säurefreiem Papier

978-3-95404-293-7

Danksagung

Die vorliegende Arbeit entstand während meiner Tätigkeit als wissenschaftliche Mitarbeiterin am Institut für Flugzeugbau der Universität Stuttgart. Die Airbus Deutschland GmbH finanzierte eine Patenschaft, aus der sich die für die Gewichtsabschätzung im Flugzeugvorentwurf wichtigen Thematik, das Dissertations-Thema entwickelte.

Mein besonderer Dank gilt Herrn Prof. Dr.-Ing. Klaus Drechsler, der mir als Institutsleiter die Möglichkeit bot, mich dieses Themas anzunehmen. Ebenfalls möchte ich mich herzlichst bei Prof. Dipl.-Ing. Rudolf Voit-Nitschmann für die Übernahme des Hauptberichts bedanken.

Ausdrücklich bedanke ich mich bei Herrn PD Dr.-Ing. Stephan Rudolph, der durch seine wissenschaftliche Begleitung und beständige Diskussionsbereitschaft diese Arbeit maßgeblich voranbrachte. Der persönliche Wert dieser Förderung reicht weit über das Entstehen dieser Arbeit hinaus.

Ebenfalls möchte ich allen Studierenden danken, die als studentische Hilfskräfte, Studienarbeiter oder als Diplomanden mit viel Engagement an der Aufgabenstellung mitgearbeitet haben. Zu nennen sind insbesondere: Florian Mutschler, Jan-Philipp Fuhr, Jonas Schlotterbeck und Johannes Beichter.

Allen, die Familie und Freunde sind, gebührt mein aufrichtiger Dank für ihre uneingeschränkte Unterstützung.

Es war eine lehrreiche Zeit!

Inhaltsverzeichnis

Kurzfassung

Eine präzise Massenabschätzung ist in der Flugzeugvorentwurfsphase essentiell, da die Leistungsdaten eines zukünftigen Flugzeugentwurfs entscheidend durch die Masse geprägt werden und eine Fehlprognose deutliche Mehrkosten im Entwicklungsprozess zur Folge hat.

Obwohl sich die Verfahren der mathematischen Statistik in der Vergangenheit aufgrund des Vorteils weniger Eingabeparameter etabliert haben, kommen sie heute nicht mehr uneingeschränkt zur Anwendung. Empirische Gewichtsabschätzungsformeln basieren auf Daten existierender Flugzeuge und spiegeln somit implizit deren Technologie wider. Nachteilig sind insbesondere die unzuverlässigen Prognosemöglichkeiten bei deutlicheren Abweichungen der Neu-Konstruktion von Flugzeugen dieser Datenbasis, weshalb zusätzlich der Einsatz analytischer und/oder numerischer Methoden gefordert wird, um auch neue Bauweisen und Technologien gewichtlich korrekt abbilden zu können. Überdies ist eine differenzierte Trennung des Gewichts in das „Optimum-Weight“ – das minimal für die Belastungen erforderliche Strukturgewicht – und das „Non-Optimum-Weight“ – das aufgrund des praktischen Designs hinzukommende Gewicht, welches die Verbindungselemente als größten Gewichtstreiber ausweist –, anzustreben, da diese beiden Gewichtsanteile grundsätzlich verschiedenartigen Effekten zuzuschreiben sind.

Die vorliegende Arbeit leistet durch die neuartige Entwicklung von analytischen und darauf aufbauenden dimensionslosen Gewichtsfunktionalen für Strukturverbindungen einen Beitrag zu einer genaueren und theoretisch umfassend fundierten Gewichtsabschätzung. Die Methodik trägt der Trennung des „Optimum-Weights“ und des Gewichts aufgrund von „Non-Optimum“-Faktoren Rechnung und ermöglicht somit erstmals eine objektive gewichtliche Bewertung unterschiedlicher Fügeverfahren.

Hierfür werden anhand abstrahierter Strukturmodelle und für den Vorentwurf geeigneter analytischer Ansätze für verschiedene Fügeverfahren (Nieten, Kleben, Schweißen) symbolische Gewichtsfunktionale hergeleitet, wobei zunächst der klassische Strukturkennwert nach Wiedemann als dimensionsbehaftete Kenngröße Verwendung findet. Die systematische Erweiterung dieses Grundgedankens, eine Kenngröße zur Bewertung von Konstruktionen einzusetzen, wird durch die Anwendung des Pi-Theorems von Buckingham zur Generierung dimensionsloser Ähnlichkeitskennzahlen konsequent umgesetzt. Damit wird eine Möglichkeit bereitgestellt, die vorhandenen Einflussgrößen skalenunabhängig darzustellen und im Sinne der Skalierung eine korrekte Übertragung zu gewährleisten. Dieses Konzept des skalenfreien Entwurfswissens ermöglicht einen effektiven Auswahlprozess gewichtsminimaler Lösungen von Strukturverbindungen unter nahezu beliebigen Randbedingungen und bietet die theoretische Grundlage für eine spätere regelbasierte und *optimale* Entwurfserzeugung.

Ergänzend wird durch die Verwendung einer graphenbasierten Entwurfssprache zum Aufbau fertigungsnaher Geometrien für Rumpfstrukturen eine regelbasierte Modellbildung über definierte Konstruktionsregeln auf Basis einer objektorientierten Modellierung realisiert. Mittels der daraus abgeleiteten Gewichtsresultate der implementierten Strukturbauteile wird sowohl die Möglichkeit zur quantitativen Validierung der theoretischen Gewichtsgleichungen, als auch die darauf aufbauende regelbasierte Erzeugung gewichtlich optimaler Verbindungselemente aufgezeigt.

Abstract

Accurate weight prediction at early stages of preliminary design is essential since the performance characteristics of a subsequent aircraft design are vitally affected by the weight. An erroneous prognosis causes considerable additional costs in the development process.

Though weight formulae based on mathematical statistics have been established in the past due to their advantages of fewer input parameters they cannot be applied in an unlimited manner. Empirical weight estimation equations are based on data of existent aircraft and therefore implicitly reflect their technologies. Weight predictions become particularly unreliable in the case of new constructions deviating from the aircraft within that database. Therefore, alternative new approaches increasingly apply both analytical and numerical analyses to correctly depict new construction methods and technologies. Moreover, a differentiated separation of the overall weight into optimum-weight – the minimum structural weight that can be realised to meet the loading conditions – and the non-optimum-weight, which implies additional weight resulting from the practical design, is adhered to, since these weights are attributed to different effects.

This thesis contributes to a more precise and theory-based weight estimation by the development of novel analytical and dimensionless weight formulae for structural joints. The methodology allows for a separation of optimum-weight and non-optimum-weight. Thus it permits, for the first time, a systematic evaluation of different joining technologies.

For this purpose symbolic weight functions are derived from structural models and from analytical approaches to different joining technologies (riveting, adhesive bonding, welding) appropriate to preliminary design. To begin with the classic dimensionful structural index according to WIEDEMANN is applied. The systematic extension of this fundamental idea of using a parameter for the evaluation of constructions is systematically implemented by the use of BUCKINGHAM's Pi-Theorem to generate dimensionless similarity variables. This offers the possibility to describe the existent parameters scale-free and to ensure a correct transfer in terms of scaling. This concept of scale-free design knowledge enables an effective selection process for weight-minimal solutions for structural joints under almost any boundary conditions. Furthermore, it provides a theoretical basis for rule-based and optimal aicraft design.

Furthermore, by the use of a graph-based design language for the construction of production-related geometries for fuselage structures, a rule-based approach with defined design rules on the basis of object-oriented modelling is implemented. Using the derived weight results of the implemented structural components the possibilities for a quantitative validation of the theoretical weight equations as well as for the rule-based generation of optimum structural elements are shown.

1 Einleitung

Einen wichtigen Treiber der Leistungssteigerung zukünftiger Luftfahrzeuge stellt die Reduzierung ihres Gesamtgewichts dar. Daher sind die Fragestellungen im Entwurf von Flugzeugen eng mit dem Leichtbau verbunden. Des Weiteren zeigt die derzeitige intensive Klimadebatte wie wichtig es ist, durch die Intensivierung des Leichtbaus den Treibstoffverbrauch und die Emissionen zu mindern. Demnach wird es für die Flugzeughersteller immer wichtiger, den „Airlines“ noch effizientere und kostengünstigere Flugzeuge anzubieten.

Hierbei spielt das Strukturgewicht eine zentrale Rolle, da es in unmittelbarem kausalen Zusammenhang mit der Reichweiten- und Nutzlastforderung steht. Für die Flugzeughersteller ist deshalb eine präzise Vorhersage des Gewichts bereits in den frühen Phasen des Flugzeugvorentwurfs von essentieller Bedeutung, um die Leistungsdaten gegenüber ihren Kunden abzusichern und damit spätere unliebsame Überraschungen im Ablauf des Entwurfsprozesses zu vermeiden.

1.1 Problemstellung

Gängige Gewichtsabschätzungsformeln für die wichtigsten Baugruppen basieren auf Methoden der mathematischen Statistik [76, 84, 105]. Diese statistischen Verfahren nutzen wenige Eingabeparameter und haben deshalb eine große Bedeutung in der Gewichtsabschätzung im Flugzeugvorentwurf eingenommen [97]. Die Genauigkeit der Prognosemöglichkeit beschränkt sich jedoch auf den Entwurf von Flugzeugen, die den Mustern der Datenbasis sinnhaft entsprechen (d. h. diesen *ähnlich*[1] sind [74]), da eine Extrapolation der Kurven basierend auf Daten existierender Flugzeuge zu falschen Ergebnissen führen kann [74, 77]. Bei größeren Änderungen des konstruktiven Aufbaus, des verwendeten Materials oder der Bauweisen bis hin zu unkonventionellen Entwürfen können die empirischen Ansätze deshalb leider keine zuverlässigen Gewichtsdaten liefern. Ein weiterer Nachteil ist zudem die fehlende Möglichkeit, für bestimmte beabsichtigte Bauweisen oder Konstruktionen das zukünftige Gewicht vorherzusagen.

[1] Der Begriff der Ähnlichkeit wird im Zuge dieser Arbeit noch durch die physikalische Ähnlichkeitstheorie exakt definiert. Hier ist mit *ähnlich* zunächst nur die umgangssprachliche Eingrenzung auf Flugzeuge derselben Kategorie (z. B. Kleinflugzeug, Propellerflugzeug, Strahlflugzeug) nach TORENBEEK [105] gemeint.

Die aufgezeigten Defizite der verwendeten statistischen Abschätzungsverfahren machen deutlich, dass diese nicht als alleinige Verfahren für die Gewichtsprognose dienen können. Sie müssen deshalb zwingend ergänzt werden, um auch Effekte neuer Technologien zu berücksichtigen. Deshalb nutzen moderne Ansätze zur Vorhersage des Gewichts verstärkt analytische [21, 40, 96] und/oder numerische Berechnungen [37, 52, 111], um auch unkonventionelle Konfigurationen, neue Bauweisen und Fertigungstechnologien gewichtlich prognostizieren zu können.

Die *ideale* Flugzeugstruktur bestünde gedanklich aus einer einzigen Einheit[2] desselben Materials mit lokal angepasster Wandstärke. Dies ist aufgrund von Randbedingungen (Fertigung, Reparatur, Lagerung u. a.) nicht umsetzbar, so dass ein Verbund aus vielen Einzelbauteilen mittels Fertigungsverfahren zu Baugruppen gefügt wird, die nach der Endfertigung das komplette Flugzeug bilden. Verbindungselemente und eine gewisse Anzahl an Fügestellen implizieren dabei aber zusäzliches Gewicht und höhere Kosten und spielen deshalb eine substantielle Rolle im Strukturentwurf von Flugzeugen [56]. So konnte z. B. durch die Einführung einer Bauweise aus Faserkunststoffverbund (FKV) für den Mittelkasten von einem Seitenleitwerk des Airbus A300-600 bzw. des Airbus A310 eine deutliche Massenreduktion[3] sowie eine Kostensenkung im Fertigungsprozess um zwei Prozent[4] durch Reduzierung der Vielzahl von Einzelteilen um fast 97 Prozent[5] und damit auch von Fügestellen erreicht werden [103].

Grundsätzlich kann das Gewicht klassifiziert werden in das „Optimum-Weight“ – das minimal erreichbare Strukturgewicht aufgrund von Belastungen – und das „Non-Optimum-Weight“, welches Effekte impliziert, die aus dem praktischen Design resultieren, wie zum Beispiel Verbindungen, Ausschnitte, Standardmaße und Korrosionsschutz [57, 101]. Aus diesem Grund ist es wichtig, diese Effekte gesondert zu betrachten, nicht nur, da sie unterschiedlichen Faktoren zuzuschreiben sind, sondern wie es sich im Folgenden dieser Arbeit noch zeigen wird, ein klareres Verständnis der „Non-Optimum-Faktoren“ für weitere Reduzierungen des Strukturgewichts wegweisend ist.

Die empirischen Gewichtsfunktionen beinhalten sowohl das „Optimum-Weight“, als auch das zusätzliche Gewicht, verursacht durch die unterschiedlichen „Non-Optimum-Faktoren“ des praktischen Flugzeugbaus. Ei-

[2] ... dann könnte der Zusammenbau völlig entfallen. Daher ist der Begriff *ideal* immer unter einer bestimmten Zielgröße (hier Fertigung) zu verstehen.

[3] In der Entwicklungsphase brachte die Detailkonstruktion der Volllaminatbauweise, die als favorisierte Variante aus der Konzeptphase hervorging, als Ergebnis eine Gewichtsersparnis von 25 % gegenüber der Metallbauweise.

[4] Beim Fertigungskostenvergleich dient eine weitere Version der Volllaminatbauweise als Referenz.

[5] Ohne Normteile sowie ohne Buchsen und Bolzen für Rumpf- und Ruderanschluss.

ne derartige vermischte Darstellung ermöglicht jedoch keine getrennte Betrachtungsweise der verschiedenartigen Effekte und deren Ursache und bietet demnach auch keine maßgebliche Aussage und darauf aufbauende Eingriffsmöglichkeit zur Optimierung [8].

Den Strukturverbindungen als Teil des „Non-Optimum-Weights" gebührt besondere Aufmerksamkeit, da der gewichtliche Zuwachs aufgrund von Verbindungen („Joints") zwischen 20 Prozent und 40 Prozent gegenüber dem idealen Gewichtsminimum liegt [101].

In der Abteilung „Mass Properties" der Airbus Deutschland GmbH wurde deshalb im Rahmen des Projekts FEMMAS (Finite Element Method for Mass Estimation) u. a. ein Softwarewerkzeug entwickelt [69, 110], welches die Vorteile einer analytischen und numerischen Vorgehensweise zur Gewichtsermittlung im Flugzeugvorentwurf umsetzt. Das Gewicht der Primärstruktur wird aus einem dimensionierten Finite-Elemente-Modell bestimmt. Die Flugzeugsekundärstruktur (z. B. Klappen, Ruder) und die Verbindungselemente werden in einem separaten Gewichtsableitungsprozess betrachtet. Der Prozess kann wie folgt beschrieben werden: In einem CAD-Programm (z. B. CATIA V5) wird mittels im Vorentwurf zur Verfügung stehender Parameter („Data Basis for Design" (DBD) [1]) ein geometrisches Oberflächen-Modell erstellt. Im Anschluss wird für die Primärstruktur ein Finite-Elemente-Modell generiert, mit welchem durch aufgebrachte Lasten in einem Dimensionierungsprozess die Strukturvariablen bestimmt werden. Es erfolgt eine Verifikation, die angenommene Vereinfachungen anpasst. Durch eine einfache Multiplikation des so ermittelten Volumens mit der Dichte des verwendeten Materials kann das Gewicht der Primärstruktur bestimmt werden [111]. Für die modellierte Sekundärstruktur und die im CAD-Modell nicht modellierten Verbindungselemente werden Gewichtsableitungsregeln benötigt.

Die Betrachtung des Stukturgewichts auf Komponentenebene verlangt eine ausführliche Analyse von Verbindungen verschiedener Fügeverfahren, welche als die Haupttreiber des nicht-optimalen Gewichtsanteils wesentlich zur Erhöhung des optimalen Gewichts beitragen. Die in dieser Arbeit dargestellte neuartige Methodik zur Gewichtsabschätzung von Strukturverbindungen im Flugzeugvorentwurf trägt der gewünschten Trennung des „Optimum-" und des „Non-Optimum-Weights" durch einen durchgehend analytischen Ansatz umfassend Rechnung.

1.2 Bezug zum Stand der Technik

Die Gewichtsabschätzung in der sehr frühen Flugzeugentwurfsphase des „Preliminary Sizing" basiert auf Verfahren der mathematischen Statistik, die aufgrund ihrer elementaren Vorgehensweise eine erste Prognose der Betriebsleer-, der Start- und der Kraftstoffmasse liefert [97, 99]. Solche Ansätze sind in der gängigen Literatur des Flugzeugentwurfs zu finden [76, 85, 105]. So benötigt TORENBEEK [105] nur die Informationen über den Flugzeugtyp und die Reichweitengruppe (Kurz- oder Langstrecke), um das Verhältnis zwischen der maximalen Betriebsleermasse zur maximalen Abflugmasse zu berechnen.

Andere Verfahren in diesem Stadium des Entwurfs nutzen bereits berechnete, beziehungsweise durch Annahmen festgelegte Größen, wie das Schub-Gewichtsverhältnis, zur Bestimmung des Betriebsmassenanteils [50]. Das LUFTFAHRTTECHNISCHE HANDBUCH BAND MASSEANALYSE [3] enthält Verfahren und Daten zum praxisnahen Umgang mit Masseberechnungen von Luft- und Raumfahrtgeräten.

In der Entwurfsphase des „Preliminary Design“ bestehen Class I- und Class II-Verfahren[6] zur Bestimmung von Massen verschiedener Baugruppen, die sich in ihrer Genauigkeit unterscheiden. Bei den Class I-Verfahren beruht die Berechnung auf der Bestimmung eines prozentualen Masseanteils der Baugruppe von der Abflugmasse. Die Class II-Verfahren nutzen physikalische Zusammenhänge zwischen der Komponentenmasse und den Dimensionierungsparametern [84].

Weiterhin beschreibt TORENBEEK [105] ein Class II-Verfahren zur Massenabschätzung für die Rumpfstruktur, das auf Daten von Veröffentlichungen der „Society of Allied Weight Engineers“ (SAWE)[7] basiert. Es beinhaltet Eingangsgrößen geometrischer Art, aber auch Belastungsinformationen aus der Bauvorschrift. Die Gleichung für die Masse eines Aluminium-Rumpfes ist folgendermaßen angegeben:

$$W_\mathrm{f} = 0{,}23 \sqrt{V_\mathrm{D} \frac{l_\mathrm{t}}{b_\mathrm{f} + h_\mathrm{f}}}\, S_\mathrm{G}^{1,2} \tag{1.1}$$

mit
- W_f : Masse des Rumpfes („fuselage structure weight“)
- V_D : Sturzfluggeschwindigkeit aus dem v-n-Diagramm in „equivalent airspeed“ (EAS) („design diving speed“ nach CS-25.335 [22])
- l_t : Hebelarm des Höhenleitwerks („distance between quarter-chord points of wing root and horizontal tail root“)

[6] Die Einteilung der Verfahren in die zwei Klassen kann nach SCHOLZ [99] vom Betrachter bzw. Umfeld (Industrie, Universität) abhängen.

[7] Diese internationale Vereinigung bietet eine umfangreiche Sammlung an „Technical Papers“ im Bereich des „Mass Properties Engineering“ an (`https://www.sawe.org/papers`).

b_f : maximale Rumpfbreite („maximum width of fuselage“)
h_f : maximale Rumpfhöhe („maximum depth of fuselage“)
S_G : Bespülte Oberfläche des Rumpfes („gross shell area of fuselage“)

Zu der mit Gleichung (1.1) berechneten Masse addieren sich zusätzliche Massenanteile aufgrund von Konfigurationsvariationen. Aufschläge zum Rumpfgewicht sind für eine Druckkabine (+8 %), für Triebwerke am Rumpfheck (+4 %), für ein Hauptfahrwerk am Rumpf (+7 %) und für einen verstärkten Kabinenboden bei Frachtflugzeugen (+10 %) zu berücksichtigen. Wenn der Rumpf keinen Fahrwerksschacht enthält, können vier Prozent vom Basisgewicht abgezogen werden.

Ergänzend sei noch die Vorgehensweise bei der Verwendung sogenannter *Technologiefaktoren* dargestellt. Damit soll der technologische Fortschritt bezüglich des mit den empirischen Formeln erfassten Technologielevels berücksichtigt werden. So gibt Raymer [76] für einen aus FKV gefertigten Rumpf eine mögliche Gewichtseinsparung von zehn Prozent an, ohne die Bauweise näher zu spezifizieren, weshalb solche Technologiefaktoren immer nur als erste grobe Anhaltspunkte gelten sollten. Die Fahrwerksgewichtsabschätzungsformeln von Currey [17] beinhalten Faktoren, die Überlegungen zum „State-of-the-Art“-Jahr berücksichtigen. Er unterstellt dabei lineare Zusammenhänge dieser über der Zeit. Aufbauend auf diesem Ansatz beschreibt Pfaff [74] eine Methodik zur Entwicklung von Technologiefaktoren für den Einsatz im Flugzeugbau mittels Trendextrapolation über der Zeit am Beispiel des spezifischen Kraftstoffverbrauchs eines Triebwerks im Reiseflug.

In der heutigen Luftfahrtindustrie werden aufgrund der bereits erwähnten Nachteile empirische Verfahren durch sogenannte analytische Verfahren ergänzt. Darunter versteht man Verfahren, die die zugrundeliegende Physik in die Trendberechnung einbeziehen. Die drei Faktoren, die das „Optimum-Weight“ maßgeblich beeinflussen, sind die Belastung F, die Länge des Kraftübertragungswegs l und das Material der Struktur. Im einfachsten Fall können die Materialeigenschaften durch zwei Größen beschrieben werden, der Dichte ρ und der zulässigen Spannung σ_zul. Die Masse eines die Kraft F über einen Weg l übertragenden Zugelements wird durch nachfolgende Formel repräsentiert

$$m = \frac{F\,l\,\rho}{\sigma_\mathrm{zul}}\,, \tag{1.2}$$

und kann umgeschrieben werden in

$$m = \frac{F\,l}{\sigma_\mathrm{zul}/\rho}\,. \tag{1.2a}$$

Der Term σ_{zul}/ρ kann als Verhältnis von Festigkeit zu Gewicht angesehen werden, also als eine Art *Struktureffizienzgröße*, da eine Zunahme des Werts dieser Größe eine Abnahme der Masse zur Folge hat [101]. Die physikalischen Parameter aus Gleichung (1.2) (Kraft, Länge, Dichte und zulässige Spannung) repräsentieren das absolute Minimum an notwendigen Größen für Massenabschätzungsformeln.

Der Ansatz der Spannungsanalyse zur Bestimmung der Spannungen in einem Bauteil, dem eine Struktur mit bestimmten geometrischen Abmaßen und angreifenden Kräften zugrunde liegt, steht dem der Strukturoptimierung entgegen, bei der, ausgehend von vorgegebenen Belastungen und möglichen Restriktionen, die optimale Bauweise definiert wird. Ein nützliches Werkzeug im Bereich der Optimierung von Strukturentwürfen[8] ist das Prinzip der ähnlichkeitsmechanik [72]. Ursprünglich führte WAGNER [109] einen Kennwert ein, der die äußere Belastung auf die für das Tragverhalten maßgebende Länge bezieht. Durch die Einführung dieses Verhältnisses wird die Abhängigkeit von der äußeren Geometrie entkoppelt. Weitere Autoren wie COX [16], SHANLEY [101], WIEDEMANN [112] u. a. nutzen den Begriff des *Strukturkennwerts*, der die Einheit einer Spannung hat, um ein Auswahlkriterium abzuleiten.

Als Beispiel hierfür leitet COX [16] Gleichung (1.5) für einen runden Vollzylinder unter Druckbelastung her. Mit der Euler-Formel für die Beulspannung [83]

$$\sigma = \pi^2 E \left(\frac{k}{l}\right)^2 , \tag{1.3}$$

wobei der Trägheitsradius k definiert ist als

$$k = \sqrt{\frac{I}{A}} = \sqrt{\frac{r^2}{4}} , \tag{1.4}$$

ergibt sich mit der Dichte ρ, dem Elastizitätsmodul E, der Belastung F und der Länge l ein Verhältnis der Spannung zur Dichte.

$$\frac{\sigma}{\rho} = \underbrace{\left(\frac{\sqrt{\pi}}{2}\right)}_{\text{S}} \underbrace{\left(\frac{E^{0,5}}{\rho}\right)}_{\text{M}} \underbrace{\left(\frac{F}{l^2}\right)}_{\text{Sk}}^{0,5} \tag{1.5}$$

Die Design-Variablen können in die drei Faktoren „Shape“ (S), Material (M) und Strukturkennwert (Sk) zerlegt werden. Diese Herangehensweise wird von COX [16] eingesetzt, um Design-Diagramme zu erstellen, die bei vorgegebenem Strukturkennwert die Auswahl effizienter Kombinationen

[8] Das Ziel dieser Arbeit ist die Bereitstellung einer schnell einsetzbaren Methodik, weshalb hier die numerischen Optimierungsalgorithmen nicht aufgegriffen werden.

von Form und Material für Querschnitte ohne vorgegebene geometrische Randbedingungen zulassen (siehe hierzu Anhang A.1).

Shanley [101] zeigt die Vorgehensweise zur Erstellung von Diagrammen für gewichtsminimale Kurven am Beispiel eines beidseitig gelagerten runden Balkens unter Druckbelastung. Die zulässige Spannung für das Beulversagen erhält man aus der Engesser-Formel [104] (siehe Gleichung (1.6)), einer Verallgemeinerung der Euler-Formel (1.3), indem durch Nutzung des Tangentenmoduls E_{t} Spannungen auch außerhalb des elastischen Bereichs eingeschlossen sind.

$$\sigma = \frac{\pi^2 \, E_{\mathrm{t}}}{(l/k)^2} \tag{1.6}$$

Der Ausdruck k^2 ist durch den Querschnitt der Struktur definiert und wird durch Division mit der Querschnittsfläche in eine dimensionslose Kenngröße, den *Form-Parameter* $k_1 = k^2/A$, überführt. Durch das Ersetzen des Parameters σ_{zul} in Gleichung (1.2) durch die zulässige Spannung für Beulversagen (siehe Gleichung (1.6)), ergibt sich Gleichung (1.7), die eine Darstellung mit den identischen drei Multiplikationsfaktoren (S, M, Sk) aus Gleichung (1.5) ermöglicht und als gewichtsminimale Kurven durch Substitution konkreter Werte für die Variablen für unterschiedliche Materialien dargestellt werden kann [101].

$$\frac{m}{l^3} = \frac{1}{\pi} \underbrace{\left(\frac{1}{k_1^{0,5}}\right)}_{\mathrm{S}} \underbrace{\left(\frac{\rho}{E_{\mathrm{t}}^{0,5}}\right)}_{\mathrm{M}} \underbrace{\left(\frac{F}{l^2}\right)^{0,5}}_{\mathrm{Sk}} \tag{1.7}$$

Ashby [4] entwickelt wie in Gleichung (1.9) noch im Detail hergeleitet wird, ausgehend von einer Zielfunktion und den mechanischen Grundgleichungen, eine Effizienz-Formel P („Performance“) bestehend aus drei Faktoren zur Beschreibung der Funktionsanforderung (F), der Geometrie (G) und des Materials (M). Ist eine Separierung der Funktionsvariablen in eine entkoppelte Produktdarstellung von Einzelfunktionen möglich, so ist die Wahl eines Optimums der Zielfunktion durch die Maximierung von $f_3(\mathrm{M})$ zu erreichen.

$$\mathrm{P} = f\,(\mathrm{F},\mathrm{G},\mathrm{M}) = f_1\,(\mathrm{F}) \cdot f_2\,(\mathrm{G}) \cdot f_3\,(\mathrm{M}) \tag{1.8}$$

Gleichung (1.8) kann um einen Term f_4 zur Beschreibung des Querschnitts erweitert werden [4], was an dieser Stelle jedoch nicht weiter ausgeführt wird, da die betrachteten Strukturverbindungen einer axialen Zugbelastung unterliegen, für die ausschließlich die Querschnittsfläche und nicht die Form (z. B. I-Träger, T-Träger) relevant ist.

Die Massengleichung für einen auf Biegung belasteten Balken mit quadratischem Querschnitt und einer maximalen Durchbiegung δ, gibt ASHBY [4] an mit

$$m = \left(\frac{F}{\delta}\right)^{0,5} \left(\frac{12\,l^5}{c_1}\right)^{0,5} \left(\frac{\rho}{E^{0,5}}\right), \tag{1.9}$$

wobei c_1 eine Konstante ist, die vom Belastungsfall und den Einspannbedingungen abhängt. Eine direkte Maximierung des Materialindex MI $= \left(E^{0,5}/\rho\right)$ minimiert die Massenzielfunktion, was in E-ρ-Diagrammen abgebildet werden kann und angepasst für die Referenzstruktur zur Materialauswahl in Abschnitt 3.1 herangezogen wird.

PASINI [72] vervollständigt die Ansätze von ASHBY [4] zu einer allgemeingültigen Methodik zur Auswahl einer gewichtsminimalen Struktur. Dazu werden dimensionslose Verhältnisse (sogenannte „shape transformers") gebildet, welche die Formeigenschaften eines Querschnitts, bezogen auf die Envelope D eines rechteckigen Referenzkörpers, beschreiben ($\psi_A = A/A_{\mathrm{D}}$, $\psi_I = I/I_{\mathrm{D}}$). So zeigt Abbildung 1.1 zwei unterschiedliche Querschnitte (grau). Im linken Beispiel des elliptischen Querschnitts ist die „Shape" S von der Envelope D verschieden. Bei dem rechteckigen Vollquerschnitt auf der rechten Seite fallen „Shape" und Envelope zusammen ($\psi_A = 1$, $\psi_I = 1$).

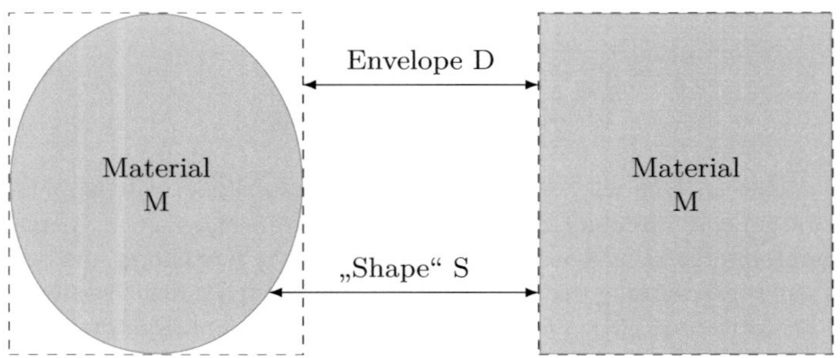

Abbildung 1.1: „Shape" S, Envelope D und Material M für einen Querschnitt nach PASINI [72]

Ausgehend von der Massengleichung $m = \rho\,A\,l$ gibt PASINI [72] das „performance criterion" p für einen rechteckigen Balken mit Steifigkeitsrestriktion ($12\,k\,l^3/c_1 = \psi_I\,B\,H^3\,E$) mit Gleichung (1.10) an.

$$p = \frac{1}{m} = \underbrace{\left(\frac{c_1}{12\,k\,l^4}\right)}_{\mathrm{F}} \underbrace{\left(\frac{\psi_I}{\psi_A}\right)}_{\mathrm{S}} \underbrace{\left(\frac{E}{\rho}\right)}_{\mathrm{MI}} \underbrace{\left(H^2\right)}_{\mathrm{D}=f(\mathrm{MI})} \tag{1.10}$$

Es kann mittels einer grafischen Darstellung in Diagrammen direkt abgelesen werden. Dazu verwendet PASINI [72] zwei einzelne Diagramme, welche sich in einem Diagramm zusammenfassen lassen (siehe Abbildung 1.2).

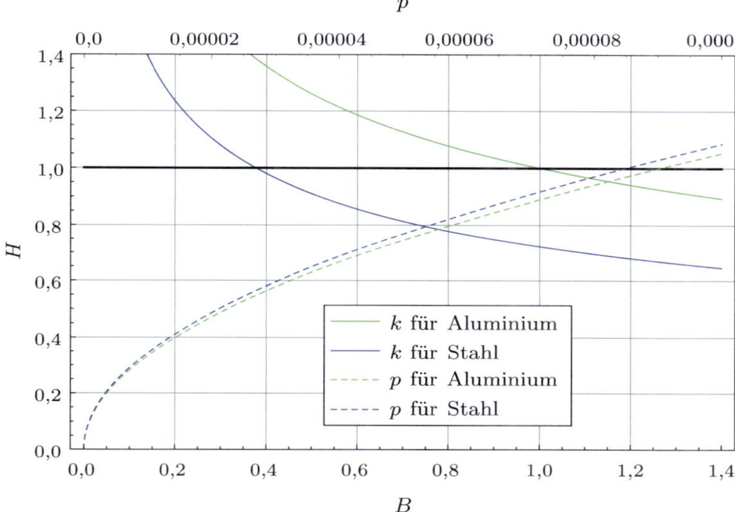

Abbildung 1.2: Diagramm zur Auswahl des Materials und der Envelope mit einer Höhenbeschränkung ($H = 1\,\text{m}$) nach PASINI [72]

Die Envelope D und der Materialindex MI sind freie Variablen. In Abbildung 1.2 sind zwei Kurven des Steifigkeitskriteriums k sowie zwei Kurven des „performance criterion“ p für Aluminium und Stahl dargestellt. Für die geometrische Randbedingung $H = 1\,\text{m}$ ergibt sich für die beiden Materialien jeweils die entsprechende Größe für die Breite B als Schnittpunkt der Steifigkeitskurve mit der Höhengerade (hier: $B_{\text{Aluminium}} = 1\,\text{m}$, $B_{\text{Stahl}} = 0{,}376\,\text{m}$). Für diese Envelope kann jeweils das „performance criterion“ p aus dem Schnittpunkt der Höhengerade mit der Kurve für das „performance criterion“ p abgelesen werden. Für das gewählte Beispiel – Zahlenwerte für die Parameter werden nicht explizit angegeben, da die qualitative Aussage im Vordergrund steht – ergibt sich für den Balken aus Aluminium ein marginal höherer Wert als für die Stahlkonstruktion ($p_{\text{Aluminium}} = 9{,}0 \cdot 10^{-5}$, $p_{\text{Stahl}} = 8{,}5 \cdot 10^{-5}$), was einen Gewichtsvorteil von über sechs Prozent bedeutet.

Anhand der Gleichung (1.10) kann gezeigt werden, dass die Isolierung des Materialindex im allgemeinen Fall nicht als alleiniges Auswahlkriterium für eine gewichtsminimale Betrachtung herangezogen werden darf, da nur unter den geometrischen Randbedingungen des vertikalen, horizontalen und proportionalen Skalierens die Geometrieparameter der Envelope unabhängig vom gewählten Material sind. Im dargestellten Beispiel wurde durch die Höhenbeschränkung eine horizontale Skalierung des Querschnitts beim Übergang vom Material Aluminium zum Material Stahl angesetzt, so dass das Material mit einem höheren Verhältnis von Elastizitätsmodul zu Dichte erwartungsgemäß eine geringere Masse aufweist.

Für die Skalierung eines Referenzquerschnitts (Index 0) zu einem beliebigen Querschnitt werden Multiplikatoren für die horizontale Skalierung $u = B/B_0 = b/b_0$ und für die vertikale Skalierung $v = H/H_0 = h/h_0$ angegeben. Der sogenannte „performance index " $\tilde{p}$, welcher einen gewichtlichen Vergleich verschiedener Materialien für beliebiges Skalieren mit dem Exponenten $q = \frac{\ln uv}{\ln uv^3}$ zulässt, ist definiert als [72]

$$\tilde{p} = \frac{E^q}{\rho} \tag{1.11}$$

und kann zusammen mit dem Steifigkeitskriterium für die entsprechenden Materialien ebenfalls in einem Diagramm visualisiert werden (siehe Abbildung 1.3). Für eine Höhenbeschränkung mit $v = 1$ kommt der Querschnitt der Stahlkonstruktion im limitierenden Bereich für Aluminium zum Liegen (Schnittpunkt von k für Stahl mit $v = 1$), weshalb die Aluminiumkonstruktion einen gewichtlichen Vorteil von ebenfalls über sechs Prozent gegenüber der Stahlausführung aufweist ($\tilde{p}_{\text{Aluminium}} > \tilde{p}_{\text{Stahl}}$).

Die in diesem Kapitel aufgeführten Gleichungen beinhalten nach dem aktuellen Stand der Technik keine Massenzugabe aufgrund der Ineffektivität von Verbindungen im Vergleich zu ungestörten Strukturen. Eine einzige globale Konstante in der Art eines Verbindungswirkungsgrads oder die Verringerung der zulässigen Spannung bringt als allgemeiner Ansatz keine zufriedenstellenden Ergebnisse [101]. Das mögliche Gewichtseinsparungspotenzial beim Einsatz einer ungestörten Struktur oder anderer Fügeverfahren kann damit nicht aufgezeigt werden. Dieses Defizit bildet den Ausgangspunkt dieser Arbeit, in der eine Methodik zur analytischen Gewichtsabschätzung und Bewertung von Strukturverbindungen im Flugzeugvorentwurf entwickelt wird.

Dazu passend stammt von Shanley [101] der Vorschlag zur Einführung eines Faktors, der für den gewichtlichen Zuschlag von Verbindungen steht und charakterisiert ist als das Verhältnis des vergrößerten Volumens der Verbindung bezogen auf das ideale Volumen der ungestörten Struktur. Diese Herangehensweise wird ebenfalls von Campanile [15] für die Bestimmung des durch Gelenke entstehenden Mehrgewichts genutzt und

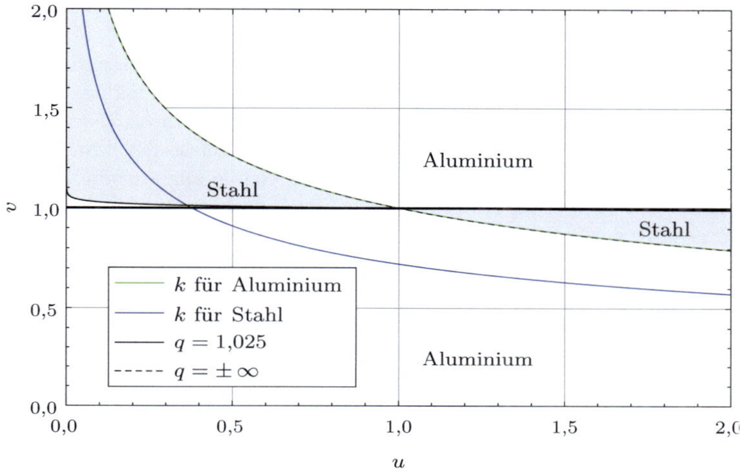

Abbildung 1.3: Diagramm zur Auswahl des Materials und der Envelope mit einer Höhenbeschränkung ($v = 1$) nach PASINI [72]

geht auf die sogenannte Verbindungszahl zurück, die erstmals von HÜTTER[9] [38] erwähnt wird. Diese Vorgehensweise wird in dieser Arbeit erneut aufgegriffen, systematisiert und unter Verwendung moderner Informationsverarbeitung in einem Computeralgebrasystem (CAS) umfassend zu einer Methodik analytischer Gewichtsabschätzung und Bewertung von Strukturverbindungen ausgebaut.

1.3 Gliederung der Arbeit

Das Ziel dieser Arbeit ist die Herleitung von Gewichtsfunktionalen für Strukturverbindungen im Flugzeugvorentwurf mittels analytischer und darauf aufbauender dimensionsloser Ansätze, die eine Bewertung der unterschiedlichen Fügeverfahren hinsichtlich einer optimalen Konstruktion unter der Bedingung minimalen Gewichts ermöglichen. Diese Methodik garantiert damit eine präzisere Gewichtsabschätzung von strukturellen Verbindungen, woraus eine theoretisch exakt fundierte und praktisch detailliertere Gewichtsprognose im Flugzeugvorentwurf zur Verfügung steht.

[9] Prof. Dr. Ulrich W. Hütter – Lehrstuhlinhaber des Instituts für Flugzeugbau von 1965-1980 [19].

Die dabei anfallenden umfangreichen Gleichungsmanipulationen[10] werden durch CAS maschinell durchgeführt.

Anhand abstrahierter Strukturmodelle werden Gewichtsfunktionen für typische Verbindungen im Flugzeugbau (z. B. Längsnähte, Quernähte) unter Einbeziehung verschiedener Materialien und Fügeverfahren (Nieten, Kleben, Schweißen) entwickelt, wobei anfänglich der klassische dimensionsbehaftete Strukturkennwert als vergleichende Größe zur Anwendung kommt. Die betrachteten Verbindungen und Fügeverfahren werden in Kapitel 2 vorgestellt sowie die analytische Vorgehensweise zur Erstellung der Gewichtsfunktionen in Kapitel 3 dargelegt.

Der Grundgedanke, eine strukturgeometrisch motivierte Kenngröße zur systematischen Bewertung von Konstruktionen [90] zu nutzen, wird durch die ähnlichkeitsmechanische Betrachtungsweise mittels des Pi-Theorems von Buckingham [14] konsequent weiterentwickelt und führt zudem zu aussagekräftigen dimensionslosen Kennzahlen für die gewichtsminimalen Funktionen der Strukturverbindungen. Die abgeleiteten dimensionslosen Kennzahlen *gewichtlicher Wirkungsgrad* und *dimensionsloses Zusatzgewicht* gewährleisten eine skalenfreie Bewertung des minimalen Verbindungsgewichts für verschiedene Belastungsbereiche, in denen abschnittsweise die definierte *Optimalfunktion* die jeweils ideale Konstruktionsform aufzeigt. Desweiteren wird durch den Übergang von der Gewichtsgleichung zur Massengleichung ein zweites Beispiel der dimensionslosen Betrachtungsweise erläutert und dem ersten Ansatz gegenübergestellt. Diese Thematik wird ausführlich in Kapitel 4 diskutiert.

Die dargestellte Herangehensweise mittels des Pi-Theorems bietet sich zudem zur Implementierung von zukünftigen Anwendungen der rechnergestützten Entwurfserzeugung und Lösungsfindung an, da über die optimale Verbindungsfunktion bereits für die herrschenden Randbedingungen *optimale*[11] Verbindungen regelbasiert erzeugt werden können.

Durch die Verwendung einer graphenbasierten Entwurfssprache [92, 93] können bereits in einem frühen Stadium des Entwurfs regelbasiert CAD-Daten erzeugt werden. Mittels dieser Geometrieinformationen werden exakte Massen der Strukturbauteile ermittelt, die zur quantitativen Validierung der analytischen bzw. dimensionslosen Gewichtsfunktionale verwendet werden können. Der Forschungsschwerpunkt zur Entwurfsmethodik (Ähnlichkeitsmechanik, Entwurfssprachen u. a.) der Arbeitsgruppe *Ähnlichkeitsmechanik* des Instituts für Statik und Dynamik der Luft- und

[10] Möglicherweise waren es in der Vergangenheit genau diese aufwendigen Gleichungsmanipulationen, die einer Einführung dieser Methodik (auch) im Wege standen, da die Analytik und die Dimensionsanalyse selbst seit langem bekannt sind.

[11] Der zugrundegelegte Optimierungsbegriff wird in Kapitel 4 genau definiert und erläutert.

Raumfahrtkonstruktionen der Universität Stuttgart dient deshalb als Anknüpfungspunkt für eine Zusammenarbeit in diesem Bereich, aus der dann folgerichtig gemeinsame Veröffentlichungen [9, 10, 11, 92] und gemeinsam betreute Studien- und Diplomarbeiten [27, 55] hervorgegangen sind.

Beispiele für den Aufbau einer detaillierten Metallrumpfstrukturgeometrie zur Veranschaulichung einer Umsetzung mittels Entwurfssprachen sowie die Erzeugung von Längs- und Quernähten für eine Validierung der dimensionslosen Gewichtsfunktionen unter Berücksichtigung von Fertigungsrandbedingungen werden in Kapitel 5 dargestellt. Abschließend folgt in Kapitel 6 eine zusammenfassende Betrachtung der Gesamtmethodik sowie ein kurzer Ausblick zu weiteren Möglichkeiten der Ausgestaltung dieses Forschungsansatzes im Bereich des Flugzeugvorentwurfs.

2 Verbindungen in Flugzeugstrukturen

Eine Flugzeugstruktur setzt sich aus zahlreichen Einzelbauteilen zusammen, die zu Baugruppen verbunden und zu einem kompletten Flugzeug gefügt werden. Die konstruktive Realisierung des Zusammensetzens beinhaltet Randbedingungen bezüglich u. a. der Fertigung, der Montage, der Wartung und der Wirtschaftlichkeit. Strukturverbindungen stellen einen zusätzlichen Gewichts- und Kostenfaktor dar und spielen deshalb eine große Rolle im Strukturentwurf von Flugzeugen.

2.1 Einteilung der Verbindungen

Im Fachgebiet der Verbindungstechnik gibt es zahlreiche Vorschläge für die Einteilung von Verbindungen. Als Ordnungspunkte für Verbindungen werden die Benutzereigenschaften lösbar, bedingt lösbar und unlösbar verwendet [28]. Innerhalb der Einteilung der Fertigungsverfahren nach DIN 8580 [67] findet man in der Hauptgruppe *Fügen* [68], die im Flugzeugbau vorherrschenden Fügeverfahren *Nieten*, *Kleben* und *Schweißen*. Eine Unterteilung in bewegliche und feste Verbindungen kann man aufgrund des Freiheitsgrades zwischen den betrachteten Verbindungspartnern vornehmen [86]. Die festen Verbindungen lassen sich weiterhin nach Schlussarten [54, 78, 102], nämlich stoff-, form- und kraftschlüssig[12], in Gruppen unterteilen, wie dies in Abbildung 2.1 dargestellt ist.

Bei der im Leichtmetallbau vorwiegend eingesetzten Kaltnietung entsteht geringer bis kein Kraftschluss. Da die Kraftübertragung durch Lochleibungsdruck und Scherspannung erfolgt, werden die Nietverbindungen als formschlüssige Verbindungen berechnet. Geklebte und geschweißte feste Verbindungen sind dagegen dem Stoffschluss zugeordnet.

2.1.1 Feste Verbindungen im Konstruktionsprozess

Der Konstruktionsprozess durchläuft mehrere Phasen, die sich in ihrem Konkretisierungsgrad unterscheiden und beim methodischen Konstruieren in Ablaufplänen dargestellt werden [44, 70, 80, 87]. Die Verbindungs-

[12] Der Stoffschluss verhindert in alle Richtungen die Relativbewegung infolge der Stoffvereinigung an den Grenzflächen der Fügeteile. Beim Formschluss (Berührungsschluss) stehen die Wirkflächen nicht unter elastischer Vorspannung, so dass ein loses Spiel vorliegt. Beim Kraftschluss erfolgt die Sicherung der Verbindung durch eine angreifende Kraft (normaler Kraftschluss, tangentialer Kraftschluss) [54].

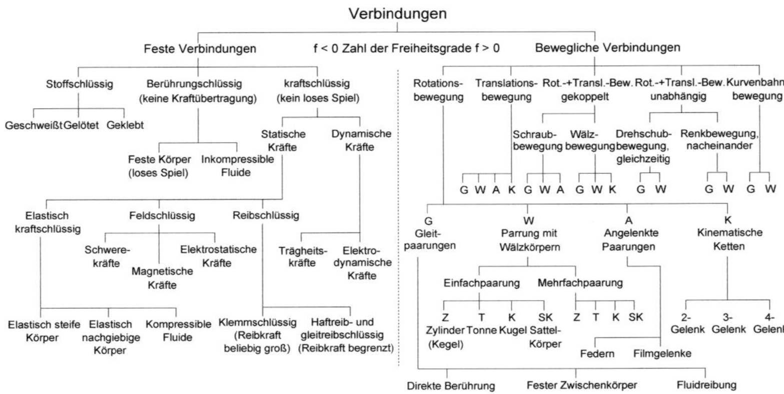

Abbildung 2.1: Einteilung der Verbindungen fester Körper [78]

festlegung wird in den allgemeinen Konstruktionsablauf integriert und in Anlehnung an diesen in drei Konkretisierungsstufen (Aufgabenformulierungsphase, Funktionelle Phase, Gestaltende Phase) unterteilt [45]. In der Gestaltenden Phase wird u. a. über die geometrische und die herstellungstechnische Produktgestaltung der Verbindungen entschieden und die Systemgrenzen für ein Produkt festgelegt, so dass die Anzahl der Einzelteile feststeht. Die Festlegung der Verbindungen wird nicht vom Gesamtgestaltungsprozess entkoppelt, da bestimmte Randbedingungen auch andere Gestaltungsbereiche beeinflussen.

Das methodische Vorgehen zielt darauf ab, eine optimale Verbindung für eine Konstruktion zu entwickeln. Konstruktionskataloge dienen dabei als Arbeitshilfe und bieten einen weitgehend vollständigen Überblick über ausführbare Verbindungsarten zur Unterstützung einer schnellen Lösungsfindung. In Übersichts- und Detailkatalogen sind z. B. Übersichten über die Geometrien von Klebeverbindungen, Übersichten über die Grundformen von Nietverbindungen und über mögliche Fugen- und Nahtformen bei Schweißverbindungen zu finden [78, 87, 88]. Basierend auf den Übersichten über die Geometrien von festen Verbindungen anhand der Konstruktionskataloge für die Fügeverfahren Nieten, Kleben und Schweißen werden Gewichtsfunktionale der typischen Überlappungs- und Laschenanordnungen hergeleitet.

Zu den einzelnen Konstruktionsschritten zählt abschließend das Bewerten von Lösungen [81]. Das methodische Vorgehen von Bewertungsverfahren führt zur Auswahl der besten Lösung [12]. Im Leichtbau findet sich das Prinzip des minimalen Gewichts und damit ein eindeutiges physikalisches Zielkriterium, wobei im Allgemeinen Produkte oft hinsichtlich mehrerer Zielkriterien (geringes Gewicht, geringe Kosten, hohe Zuverlässigkeit etc.) optimiert werden müssen. Ein Optimalitätsverfahren nutzt den Strukturkennwert nach WIEDEMANN [112] für Aussagen über Vorzüge einzelner Bauweisen. Der sogenannte klassische Strukturkennwert wird u. a. in Kapitel 3 zunächst erörtert und anschließend für die Niet- und Schweißverbindungen eingesetzt, um über gewichtliche Vorteile dieser Fügeverfahren zu entscheiden.

Als allgemeingültigen Lösungsansatz für die Bewertungsproblematik bilden die mittels des Pi-Theorems nach BUCKINGHAM [14] entwickelten dimensionslosen Kennzahlen die Grundlage einer systematischen Bewertungsmethodik [90], die aufbauend auf den analytischen Gewichtsfunktionen ausgearbeitet wird (siehe Kapitel 4).

2.1.2 Rumpfstrukturverbindungen

Im Flugzeugbau wird das Struktursystem durch Zuweisung einer bestimmten Bauweise konkretisiert und sollte durch geeignete Werkstoffauswahl und Fertigungsverfahren das definierte Gesamtziel optimal erfüllen, welches aus Leichtbausicht mit der Minimierung des Gesamtgewichts einher geht [18]. In Abhängigkeit von der gewählten Bauweise bzw. des eingesetzten Werkstoffs empfehlen sich hinsichtlich einer gewichtsbezogenen Bewertung verschiedene Fügeverfahren. Generell unterscheidet man konstruktive Aufbautechniken wie die Integralbauweise, bei der ein komplexes Bauteil aus einem Stück gefertigt wird und die Differentialbauweise, bei der mehrere Bauteile mittels geeigneter Fügeverfahren miteinander verbunden werden [41].

Im Leichtbau kommen verstärkt Metalle, vor allem Aluminiumlegierungen, zum Einsatz. Durch die zuverlässige Beschreibung ihres isotropen Materialverhaltens wird die Entwicklung neuer Legierungen und damit verbundener besserer mechanischer Eigenschaften gefördert, wie z. B. Aluminium-Lithium-Legierungen, die eine geringere Dichte bei einem höheren Elastizitätsmodul aufweisen. Jedoch werden aufgrund des günstigeren spezifischen Gewichts immer häufiger anisotrope FKV eingesetzt, die ihr komplettes Leichtbaupotential im Vergleich zur klassischen Metallbauweise nur bei Anpassung der Bauweise ausschöpfen können. Durch den Übergang der klassischen genieteten Differentialbauweise zur geklebten Integralbauweise wird die Kerbgefahr an Bohrungen umgangen und durch Entfallen der Verbindungselemente zudem Gewicht gespart.

Für den Einsatz in einem Flugzeugrumpf wurden für die Sandwichbauweise, bei der zwei Deckschichten mit einem Kernwerkstoff verklebt werden, mehrere Konzepte entwickelt [29]. Die Steifigkeit dieser Bauweise verhindert lokales Beulen und erlaubt es, auf Längsversteifungen („Stringer“)

zu verzichten. Zusätzlich übernimmt der Kernwerkstoff weitere Funktionalitäten (Wärme- und Lärmisolation, Belüftung u. a.). Da der Taupunkt außerhalb der Kabine liegt kann durch den Einsatz von Faltwaben als Kernwerkstoff durch dessen Drainagefähigkeit eine unerwünschte Feuchtigkeitsaufnahme verhindert werden [42].

Ein Flugzeug besteht aus Baugruppen (Rumpf, Flügel, Höhen- und Seitenleitwerk, Fahrwerk u. a.). Diese werden in der Endlinie („Final Assembly Line" (FAL)) zum Endprodukt montiert. Der Rumpf eines Verkehrsflugzeuges dient primär der Aufnahme der Nutzlast. Er bindet die flugmechanisch wichtigen Strukturkomponenten Flügel und Leitwerk an und fungiert als Druckkabine. Die Rumpfstruktur eines typischen Verkehrsflugzeuges setzt sich aus vier Hauptteilen zusammen (vorderer, mittlerer und hinterer Rumpfteil, Rumpfende) [23], die wiederum in Sektionen unterteilt sind. Sie ist größtenteils in einer Halbschalenbauweise (Semimonocoque-Bauweise) gefertigt, welche aus der Weiterentwicklung der Schalenbauweise (Monocoque-Bauweise) resultiert [36].

Bei der Schalenbauweise besteht die Rumpfstruktur aus der Beplankung („Skin"), welche die Summe aller Kräfte aufnimmt, und den Spanten („Frame") zur Formhaltung. Die Semimonocoque-Bauweise baut sich aus den drei Strukturelementen Beplankung, Spant und „Stringer" auf. Die konstruktive Umsetzung einer typischen metallischen Rumpfstruktur bei z. B. Airbus S. A. S.[13] verbindet die Beplankung und die „Stringer" indirekt über Schubbleche (sogenannte „Clips") mit den Spanten.

Die strukturelle Verbindung einzelner Paneele („Panels") bzw. Sektionen („Sections") wird durch Längs- und Quernähte realisiert, die typischerweise als Überlappungs- oder Laschenverbindungen ausgeführt werden. Die Methodik zur analytischen Gewichtsabschätzung von Strukturverbindungen soll deshalb exemplarisch anhand dieser Nähte umgesetzt und illustriert werden.

Längsnaht („Longitudinal Joint") bezeichnet die Verbindung in Flugrichtung, die meist als genietete Überlappung ausgeführt ist. Der dadurch entstehende Zuwachs an schädlichem Widerstand ist jedoch vernachlässigbar gering, da die gestörte Außenkontur in Strömungsrichtung verläuft. Die Anbindung eines „Stringers" erfolgt an eine der Nietreihen, wobei diese Anzahl je nach Belastung typischerweise zwischen zwei und drei variiert. Abbildung 2.2 (a) zeigt eine Längsnaht mit 3-reihiger Vernietung und Anbindung des „Stringers" an die mittlere Nietreihe [29].

[13] Airbus S. A. S. ist eine Tochtergesellschaft der „European Aeronautic Defence and Space Company" (EADS) und einer der führenden Flugzeughersteller (`http://www.airbus.com/`).

Quernaht („Circumferential Joint“) nennt man die Verbindung quer zur Flugrichtung. Um eine ungestörte aerodynamische Oberfläche zu gewährleisten, werden für diese Nähte genietete Laschenverbindungen eingesetzt. Quernähte können zwei „Panels“ innerhalb einer Sektion oder komplette Rumpfabschnitte sektionsübergreifend verbinden. Zusätzlich zur Hautverbindung muss ein weiterführender Kraftfluss der Längsversteifung umgesetzt werden, z. B. über eine sogenannte Stringerkupplung. In Abbildung 2.2 (b) ist eine Quernaht in typischer Airbus-Bauweise mit den Bauteilen Haut, „Stringer“, Spant, „Clip“, Stringerkupplung und Lasche skizziert [29].

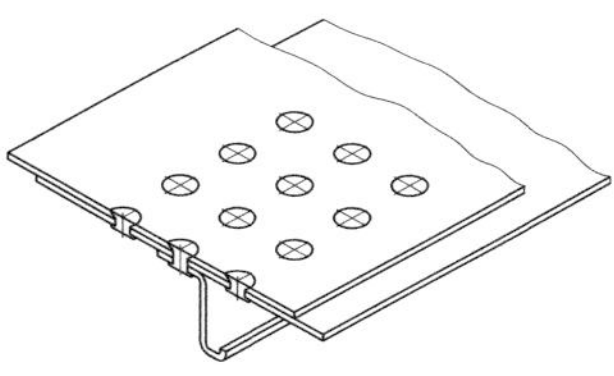

(a) Längsnaht (überlappend)

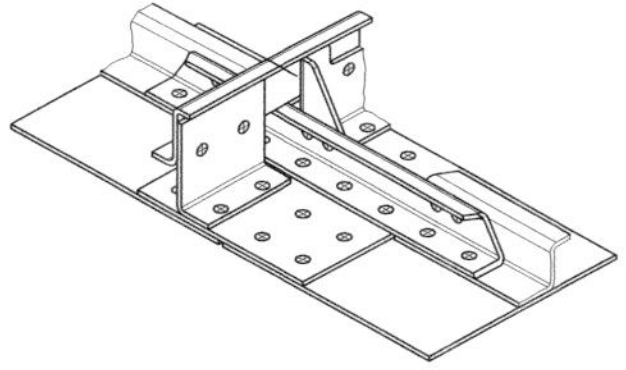

(b) Quernaht (stumpf)

Abbildung 2.2: Typische Längs- und Quernaht einer genieteten Metallrumpfstruktur

2.2 Nietverbindungen

Im Flugzeugbau haben die Nietverbindungen als klassische Fügetechnik des Leichtbaus weiterhin eine herausragende Bedeutung, da zum einen durch langjährige Erfahrung eine hohe Verfahrenssicherheit und eine wirtschaftliche Fertigung mittels Nietroboter gewährleistet ist und zum anderen die Vorteile der guten Prüfbarkeit, der Alterungsbeständigkeit, der hohen statischen Festigkeit und der Möglichkeit verschiedenste Materialien zu fügen, bestehen. Spannungstheoretisch sind Nietverbindungen jedoch nicht leicht zu beschreiben, da Spannungsspitzen an den Lochflanken auftreten, die bei dynamischer Belastung zu Ermüdungsrissen führen können. Andererseits wirken die Bohrungen als Rissfallen, was diese Verbindungen schadenstolerant macht [112].

2.2.1 Konstruktive Gestaltung von Nietverbindungen

Man unterscheidet zwischen Überlappungs- und Laschennietungen, die wiederum eingeteilt werden in die ein- und mehrreihigen und in die ein- und mehrschnittigen Verbindungen (siehe Abbildung 2.3).

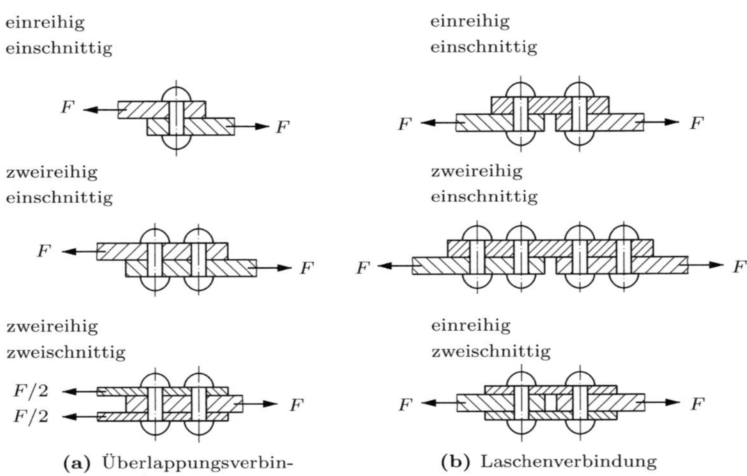

(a) Überlappungsverbindung (b) Laschenverbindung

Abbildung 2.3: Anordnung der Bleche und Niete bei Überlappungs- und Laschenverbindungen

Bei einschnittigen Verbindungen entstehen durch den exzentrischen Kraftangriff unerwünschte Biegemomente. Will man diese Biegeeffekte vermeiden, müssen die Verbindungen zweischnittig symmetrisch ausgeführt werden. Bei einer ein- oder zweireihigen Nietanordnung trägt jeder Niet zu gleichen Anteilen zur Kraftübertragung bei. Bei drei- oder mehrreihigen Nietverbindungen liegt eine ungleichmäßige Lastverteilung vor. Der für den Vorentwurf eingesetzten Dimensionierung von Nietverbindungen liegt der ideal plastische Spannungsausgleich zugrunde [112].

Bei den Nietarten unterscheidet man prinzipiell zwischen:

Vollniete, die als Universalniete (mit überstehendem Setzkopf) oder als Senkniete (mit versenktem Setzkopf für eine aerodynamisch bessere Oberflächenqualität) ausgeführt werden und geringe Anschaffungskosten verursachen.

Passniete, die bei hohen Belastungen zum Einsatz kommen. Diese haben meistens einen zylinderförmigen Schaft, der mit engem Toleranzfeld in die Bohrung eingepasst wird. Montiert werden Passniete mittels eines aufgeschraubten oder gepressten Schließrings.

Blindniete, die in schwer zugänglichen Bereichen eingesetzt werden, da nur eine einseitige Zugänglichkeit erforderlich ist.

Typische Versagensarten bei Nietverbindungen sind in Abbildung 2.4 für eine zweischnittige Überlappung skizziert.

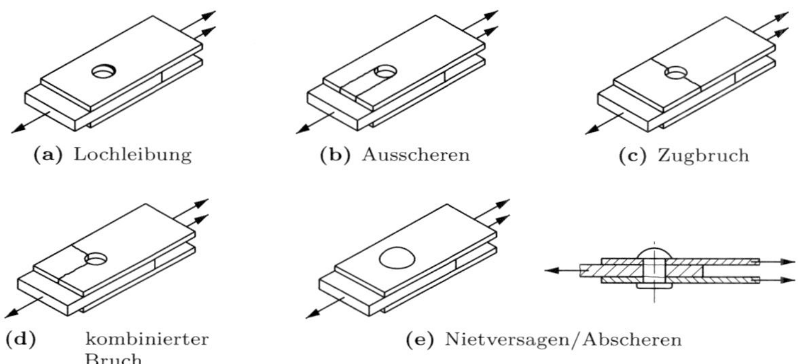

(a) Lochleibung **(b)** Ausscheren **(c)** Zugbruch

(d) kombinierter Bruch **(e)** Nietversagen/Abscheren

Abbildung 2.4: Versagensarten einer Nietverbindung

2.2.2 Dimensionierung von Nietverbindungen

In der folgenden Auslegung sind Biegeeffekte ausgeschlossen, obwohl diese bei den einschnittigen Nietverbindungen auftreten. Unter zugrunde liegendem ideal plastischen Werkstoffverhalten verteilen sich die Kräfte gleichmäßig auf alle Nietreihen. Bei Metallfügeteilen tritt dies durch Fließen des Werkstoffs [112] und bei FKV tritt Ähnliches durch Zwischenfaserbruchbildung auf [100]. Für Nietverbindungen sind Flugzeugbaulaminate mit 50 % 0°-Anteilen, 40 % ±45°-Anteilen und 10 % 90°-Anteilen gut geeignet [82, 100]. Der Wirkungsgrad könnte somit durch höhere Reihenanzahl theoretisch beliebig gesteigert werden, praktisch sinnvoll auf 80 bis 90 Prozent. Anstatt einer Erhöhung der Nietreihen ist eine lokale Aufdickung des Querschnitts ratsam, wie dies im praktischen Design zum Einsatz kommt [112]. Die Spannungsspitzen an den Lochrändern und der parabolische Verlauf der Scherspannungen im Nietschaftquerschnitt können nicht exakt beschrieben werden, weshalb für eine Vorauslegung von einem idealisierten gleichmäßigen Spannungsverlauf ausgegangen wird.

Der Wirkungsgrad einer Nietverbindung ist definiert als das Verhältnis der übertragbaren Spannung im Bruttoquerschnitt vor der Fügung zur Materialfestigkeit im Nettoquerschnitt. Die Spannungen verhalten sich dabei umgekehrt wie die Querschnittsflächen [112]. Mit dem Lochdurchmesser d und den Nietabständen P gilt dann

$$\eta \equiv \frac{\sigma_{\text{brutto}}}{\sigma_{\text{netto}}} = \frac{P-d}{P} = 1 - \frac{d}{P} = 1 - \frac{1}{C_{\text{LA}}} \,. \tag{2.1}$$

Der relative Lochabstand $C_{\mathrm{LA}} = P/d$ bestimmt sich aus dem Lochleibungsdruck $\sigma_{\mathrm{L}} = F_{\mathrm{N}}/t\,d$, der nicht größer sein darf als $\sigma_{\mathrm{L}} \leq 1{,}5\,\sigma_{\mathrm{B}}$ [112]. Dieser Wert ist für Aluminium-Legierungen ausreichend genau. Präzisere Verhältnisse der Lochleibungsfestigkeit zur Bruchfestigkeit ($C_{\mathrm{L}} = R_{\mathrm{L}}/R_m$) unterschiedlicher Materialien können dem LUFTFAHRTTECHNISCHEN HANDBUCH BAND STRUKTUR BERECHNUNG entnommen werden [32]. Für FKV im Vorentwurf kann mit einem Verhältnis von $C_{\mathrm{L}} = 1$ (Festigkeitsbedingung) gerechnet werden (abhängig u. a. vom Lagenaufbau, Randabstand). Wird die Gesamtkraft $F = \sigma_{\mathrm{B}}\,(P-d)\,t$ von einer Anzahl n hintereinander sitzender Niete mit gleichen Einzelkräften $F_{\mathrm{N}} = F/n$ übertragen, so folgt daraus

$$C_{\mathrm{LA}} = 1 + n\,\frac{\sigma_{\mathrm{L}}}{\sigma_{\mathrm{B}}} \leq 1 + n\,C_{\mathrm{L}}\,. \tag{2.2}$$

Für den relativen Lochabstand und den Wirkungsgrad ergeben sich die nachfolgenden Werte aus Tabelle 2.1, in Abhängigkeit von der Nietreihenanzahl für typische Aluminiumlegierungen mit $C_{\mathrm{L}} = 1{,}5$.

	rel. Lochabstand C_{LA}	Wirkungsgrad η
einreihig	2,5	0,60
zweireihig	4,0	0,75
dreireihig	5,5	0,82

Tabelle 2.1: Zahlenwerte für den relativen Lochabstand C_{LA} und den Wirkungsgrad η für Aluminium

Über den Lochleibungsdruck bestimmt sich der Nietdurchmesser, der so gewählt werden muss, dass ein Abscheren des Niets ausgeschlossen ist. Mit der gemittelten Nietscherspannung $\tau_{\mathrm{N}} = 4\,F/\pi\,d^2\,n$ und der Schubspannung $\tau_{\mathrm{B}} \approx \sigma_{\mathrm{B}}/\sqrt{3}$ ergibt sich für den relativen Lochdurchmesser $C_{\mathrm{LD_{allg}}} = d/t_1$

$$C_{\mathrm{LD_{allg}}} = \frac{\sigma_{\mathrm{L}}}{\sigma_{\mathrm{B}}}\,\frac{4\,\sqrt{3}}{\pi}\,\frac{R_{m_1}}{R_{m_{\mathrm{N}}}} = C_{\mathrm{LD}}\,\frac{R_{m_1}}{R_{m_{\mathrm{N}}}}\,, \tag{2.3}$$

mit $C_{\mathrm{L}} = 1{,}5$ für Aluminium ist $C_{\mathrm{LD}} \approx 3{,}3$ und mit $C_{\mathrm{L}} = 1{,}0$ für FKV ist $C_{\mathrm{LD}} \approx 2{,}2$.

Die Bleche leisten bezüglich Ausscheren am Nietloch denselben Widerstand gegen die angreifende Kraft. Der Randabstand und der Sicherheitsfaktor sind gleich, so dass die Blechdicke t_2 mittels

$$t_2 = m\,t_1\,\frac{R_{m_1}}{R_{m_2}} \tag{2.4}$$

berechnet werden kann. Der Parameter m steht für die Schnittigkeit der Verbindung. Die Blechdicke t_1 ergibt sich aus der Spannungsbetrachtung des genieteten Restquerschnitts.

$$t_1 = \frac{F}{m\, b\, \eta\, \sigma_{\mathrm{zul}}} \tag{2.5}$$

Die Überlappungslänge $l_{\ddot{\mathrm{U}}}$ einer Überlappungsverbindung setzt sich aus dem Mindestabstand der ersten Nietreihe zum Fügeteilrand C, der Anzahl der Nietreihen n sowie deren Abstand P zusammen.

$$l_{\ddot{\mathrm{U}}} = 2\,C + (n-1)\;P \tag{2.6}$$

Nach WIEDEMANN [112] gilt für den Abstand der ersten Nietreihe vom Fügeteilrand $C \geq 2\,d$. Für FKV sollte der Randabstand $C \geq 3\,d$ sein [100]. Allgemein gilt:

$$C \geq C_{\mathrm{R}}\,d \tag{2.7}$$

Für die Länge der Lasche einer Laschenverbindung l_{L} gilt folgender Zusammenhang:

$$l_{\mathrm{L}} = 2\,C + x_{\mathrm{L}} + 2\;(n-1)\;P = 4\,C + 2\;(n-1)\;P \tag{2.8}$$

Der Parameter x_{L} definiert sich über die Randbedingung eines minimalen Abstands des Niets zum Fügeteilrand.

Die Gesamtanzahl der Niete z einer Überlappungsnietverbindung ist eine Funktion der Breite des betrachteten Ausschnitts, der Anzahl der Nietreihen und des Abstandes der Niete zueinander. Bei Laschenverbindungen gibt z nicht die Gesamtanzahl der Niete an, sondern die Hälfte der verbauten Verbindungslemente.

$$z = \frac{n\,b}{P} \tag{2.9}$$

Der Gesamt-Sicherheitsfaktor $j_{\mathrm{ges_N}}$ für Nietverbindungen setzt sich aus dem Standardsicherheitsfaktor j und den zusätzlichen Sicherheitsvielfachen $j_{\mathrm{S_N}}$ zusammen (siehe Gleichung (2.10)). Aufgrund der Spannungskonzentration an Nietlöchern wird im Allgemeinen $j_{\mathrm{S_N}} = 1{,}15$ angesetzt [22]. Für die Befestigung von Sitzen, Liegebetten und Gurten sowie für Gussteile gibt KÜHN [46] weitere Sicherheitsvielfache an.

$$j_{\mathrm{ges_N}} = j\;j_{\mathrm{S_N}} \tag{2.10}$$

2.3 Klebeverbindungen

Aufgrund ihres Leichtbaupotentials werden verstärkt Klebeverbindungen als Alternative zu den herkömmlichen Nietverbindungen eingesetzt. Im Vergleich zu Nietverbindungen besteht bei Klebeverbindungen ein Gewichtsvorteil durch das Entfallen der Verbindungselemente (z. B. Niete und Bolzen) und eine gleichmäßige Spannungsverteilung im Bauteil, da keine Spannungsspitzen durch Beschädigung des Werkstoffs (z. B. Bohrungen) entstehen. Im Vergleich zu geschweißten Verbindungen treten keine Gefügeänderungen durch hohe Temperaturen und demnach kein Festigkeitsabfall des Fügeteilwerkstoffs auf. Nachteile bei Klebeverbindungen sind die Begrenzung der Einsatztemperatur, die aufwändige Oberflächenvorbehandlung für Klebungen mit hohen Sicherheitsanforderungen, die Alterung von Klebstoffen infolge Temperatur, Feuchtigkeit, Korrosion und Belastung und die aufwendige Überwachung der Klebfugenqualität. Klebstoffe besitzen niedrige Festigkeiten und weisen geringen Widerstand gegen Schälen auf, wobei dem durch geeignete konstruktive Gestaltung entgegengewirkt werden kann [33, 79].

2.3.1 Festigkeiten von Klebeverbindungen

Die entscheidenden Einflussgrößen auf die Festigkeit einer Klebeverbindung sind der Klebstoff (chemischer Aufbau und Art des Aushärtens), der Fügeteilwerkstoff (z. B. Elastizitätsmodul), die geometrische Gestaltung (Abmessungen der Fügeteile und der Klebefuge) und die Belastung (mechanische, physikalische und chemische Beanspruchung). Betrachtet man eine einschnittige Überlappungsverbindung, so ergibt sich unter Annahme elastischen Verhaltens der Fügepartner und elastischer Klebschichtverformung ohne Auftreten eines Biegemoments ein Schubspannungsverlauf, der an den Überlappungsenden Spitzenwerte ausprägt [33, 112]. Bei einem erweiterten Modell kann die Randbedingung erfüllt werden, dass die Schubspannnung am Rand verschwindet [6, 112], wobei das Schubmaximum etwas nach innen rückt und unwesentlich seinen Betrag ändert. In dieser Arbeit genügt die Abschätzung der Schubspannungsspitzen nach der einfachen Theorie, wie in Abschnitt 2.3.2 erläutert.

Die Spannungsverteilung mit der Annahme elastischer Fügeteile und elastischer Klebschichtverformung ohne Auftreten eines Biegemoments setzt sich zusammen aus zwei Anteilen, die der gleichmäßigen Schubspannung aufgrund der Fügeteilverschiebung und der zu den Überlappungsenden hin ansteigenden Schubspannung, die auf die Fügeteildehnung zurückzuführen ist. Bei einer kurzen Überlappungslänge bilden sich hohe Kleberschubspannungsspitzen aus. Bei einer größeren Überlappungslänge ergibt sich eine ungleichförmigere Verteilung mit weniger hohen Schubspannungsspitzen (siehe Abbildung 2.5).

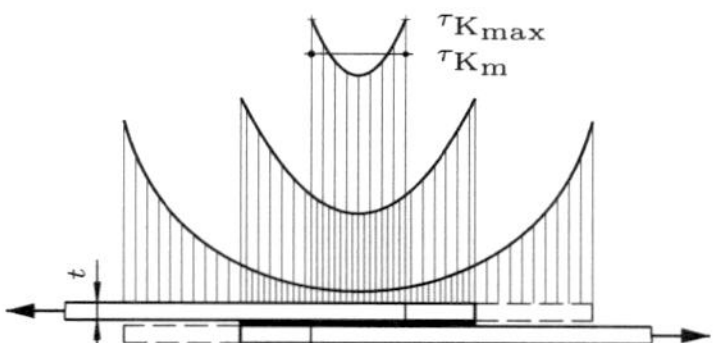

Abbildung 2.5: Verlauf der Kleberschubspannung abhängig von der Überlappungslänge [112]

Die Schubspannungsspitze $\tau_{K_{max}}$ sollte möglichst klein sein, da diese für die Festigkeit ausschlaggebend ist. Diese Spitze lässt sich jedoch für Überlappungslängen, die größer sind als die Wirkungslänge, nicht weiter reduzieren. Es verlängert sich der schubspannungsfreie mittlere Teil, weshalb die Kraft nur noch an den Überlappungsenden der Verbindung übertragen wird. Bei unterschiedlich dicken Fügeteilen bildet sich eine asymmetrische Spannungsverteilung aus, mit dem Maximum am Ende der Überlappung des steiferen Fügepartners [41].

2.3.2 Auslegung von Klebeverbindungen

Zur Auslegung von Klebeverbindungen existieren diverse Theorien, die sich hauptsächlich durch die Komplexität des angenommenen Spannungsverlaufs unterscheiden [48]. Für den Vorentwurf ist ein eindimensionales Modell ausreichend, bei dem nur ebene Verschiebungen der Fügeteile in Betracht kommen und senkrechte Verformungen der Kleberschicht ausgeschlossen sind. Biegemomente und Schälspannungen werden nicht berücksichtigt. Die elastische Theorie legt das sogenannte halbkontinuierliche Längsgurtmodell zugrunde. Der Schubspannungsverlauf wird durch eine homogene Differentialgleichung 2. Ordnung beschrieben und man erhält die allgemeine Lösung des Schubspannungsverlaufs in der Kleberschicht mit den zwei charakteristischen Parametern: der Klebungskennzahl ξ und dem Steifigkeitsverhältnis φ [112].

$$\frac{\tau_K(x)}{\tau_{K_m}} = \frac{\tau_K(x)}{p/l_{\ddot{U}}} = \frac{\xi}{2}\left[\frac{\cosh(\xi x/l_{\ddot{U}})}{\sinh(\xi/2)} - \frac{(1-\varphi)}{(1+\varphi)}\frac{\sinh(\xi x/l_{\ddot{U}})}{\cosh(\xi/2)}\right] \tag{2.11}$$

Die oben genannten charakteristischen Parameter für den Fall zugbelasteter Fügeteile stellen sich wie folgt dar:

Klebungskennzahl ξ : $\xi^2 = (1+\varphi)\, G_K\, l_{\ddot{U}}^2 / E_1\, t_1\, t_K$
Steifigkeitsverhältnis φ : $\varphi = E_1\, t_1 / E_2\, t_2$

Für $x = \pm\,(l_{\text{Ü}}/2)$ erhält man die dimensionierende Schubspannungsspitze nach WIEDEMANN [112]:

$$\frac{\tau_{\text{K}_{\text{max}}}}{\tau_{\text{K}_{\text{m}}}} = \frac{\xi}{2}\left[\coth\left(\frac{\xi}{2}\right) + \frac{(1-\varphi)}{(1+\varphi)}\tanh\left(\frac{\xi}{2}\right)\right] \tag{2.12}$$

Im Analogiemodell der Krafteinleitung in eine dreigurtige Scheibe leiten SCHNELL und CZERWENKA [98] eine sogenannte Abklinglänge her. Außerhalb dieses Abklingbereichs ist die Konstruktion praktisch spannungslos, sofern man einen gewissen Fehler zulässt. Diese Tatsache stimmt auch mit dem St. Venantschen Prinzip überein, welches besagt, dass sich an einem homogenen Körper angreifende Eigenkraftgruppen nur in einem begrenzten Bereich auswirken. Die von WIEDEMANN [112] eingeführte Wirkungslänge l^* definiert die Überlappungslänge, ab der die Schubspannungsspitzen konstant bleiben. Bei steigender Klebungskennzahl geht die hyperbolische Funktion gegen eins; praktisch kann man jedoch bereits ab $\xi \geq \xi^* = 5$ mit einem von der Überlappungslänge unabhängigen Wert der Spannungsspitze rechnen [100, 112]. Berechnet man den $\coth(\xi^*/2) = 1{,}014$ ist ersichtlich, dass der dabei gemachte Fehler lediglich 1,4 Prozent beträgt.

Mit $[1 + (1-\varphi)\,/\,(1+\varphi)] = 2/\,(1+\varphi)$ reduziert sich Gleichung (2.12) bei $\xi \geq 5$ zu

$$\frac{\tau_{\text{K}_{\text{max}}}}{\tau_{\text{K}_{\text{m}}}} = \frac{\xi}{1+\varphi} = \frac{l_{\text{Ü}}}{1+\varphi}\sqrt{\frac{G_{\text{K}}\,(1+\varphi)}{E_1\,t_1\,t_{\text{K}}}} \tag{2.13}$$

und für $\xi^* = 5$ errechnet sich die Wirkungslänge aus

$$l^* = l_{\text{Ü}} = 5\sqrt{\frac{E_1\,t_1\,t_{\text{K}}}{G_{\text{K}}\,(1+\varphi)}}\,. \tag{2.14}$$

Aus der Festigkeitsbetrachtung für zugbelastete Strukturen ergeben sich nachfolgend die Dicken der Bleche t_1 und t_2 von Klebeverbindungen mit dem Parameter m zur Berücksichtigung der Schnittigkeit:

$$t_1 = \frac{F}{m\,b\,\sigma_{\text{zul}}} \qquad\qquad t_2 = m\,t_1\,\frac{R_{m_1}}{R_{m_2}} \tag{2.15}$$

Der Gesamt-Sicherheitsfaktor für Klebeverbindungen j_{ges_K} setzt sich aus dem Standardsicherheitsfaktor j und dem Sicherheitsvielfachen für Klebeverbindungen j_{S_K} zusammen.

$$j_{\text{ges}_\text{K}} = j\,j_{\text{S}_\text{K}} = \frac{j}{f_{\text{Q}}\,f_{\text{A}}} \tag{2.16}$$

Das Sicherheitsvielfache für Klebeverbindungen bestimmt sich aus Abminderungsfaktoren [33]. Aufgrund der Produktionsqualität im Vergleich zu Laborprüfungen reduziert sich die Festigkeit der Klebeverbindung um 20 Prozent, was zu einem Abminderungsfaktor von $f_{\mathrm{Q}} = 0{,}8$ führt. Bei Alterung infolge des Feuchtigkeitseinflusses kann von einer Restfestigkeit gegenüber der Klebfestigkeit von 20-50 Prozent ausgegangen werden. Der Abminderungsfaktor wird hier mit $f_{\mathrm{A}} = 0{,}5$ festgelegt. Es ergibt sich demnach ein Sicherheitsvielfaches für die Klebeverbindungen von $j_{\mathrm{S_K}} = 2{,}5$.

2.4 Schweißverbindungen

Schweißen zählt zu den nicht lösbaren Verbindungstechniken. Nach DIN 1910-100 [62] handelt es sich um einen Fügeprozess zum Vereinigen von Werkstoffen mit oder ohne Schweißzusatz unter Anwendung von Wärme und/oder Kraft. Die Schweißbarkeit eines Bauteils aus metallischem Werkstoff ist vorhanden, wenn eine stoffschlüssige Verbindung durch ein geeignetes Schweißverfahren, unter Berücksichtigung der Anforderungen an eine Konstruktion, hergestellt werden kann [63]. Prinzipiell ist dies ebenfalls auf Kunststoffe übertragbar, wobei ausschließlich Thermoplaste schweißbar sind [24].

Schweißverbindungen bergen ein hohes Leichtbaupotential und können beim Einsatz im Flugzeugbau eine Gewichtsersparnis von bis zu 20 Prozent gegenüber den herkömmlich eingesetzten Nietverbindungen erzielen. Der hohe Automatisierungsgrad führt zu günstigeren Produktionskosten und eine geringere Korrosionsanfälligkeit durch die bohrungs- und spaltfreie Schweißtechnik verringert außerdem die Wartungskosten [34, 89].

Durch die Wärmeeinwirkung beim Schweißvorgang kommt es im Nahtbereich zu inneren Spannungen und Gefügeveränderungen, sowie zu Verzug und Schrumpfung [113]. Die dynamische Festigkeit von geschweißten Verbindungen liegt unter denen des Grundwerkstoffs [24].

2.4.1 Schweißverfahren, Stoßart und Nahtform

Die Schweißprozesse können in zwei Gruppen eingeteilt werden [61], für die nachfolgend einige Beispiele angegeben sind:

Pressschweißen: Diffusionsschweißen, Widerstandsschweißen, Kaltpressschweißen, Reibschweißen, Ultraschallschweißen,

Schmelzschweißen: Gasschmelzschweißen, Schutzgasschweißen, Lichtbogenhandschweißen, Plasmaschweißen, Elektronenstrahlschweißen, Laserstrahlschweißen.

Das Laserstrahlschweißen von Haut-Stringer-Anbindungen bei Metallpanels in der Rumpfstruktur befindet sich seit 2001 in Serienfertigung und wird in den Airbus-Flugzeugmodellen A318, A380 und A340 eingesetzt. Vergleicht man die Prozessgeschwindigkeit des Nietens (Vorschub: 0,15-0,25 m/min.) mit dem Schweißen (Vorschub: 8-10 m/min.), zeigt sich ein klarer Vorteil der Schweißtechnologie bei einer gleichzeitigen Gewichtseinsparung durch den Wegfall des Nietsockels, des Verbindungselements und des Dichtmittels (Abbildung 2.6 (a)). Das Laserstrahlschweißen hat sich als Fertigungsprozess etabliert und bietet weitere Anwendungsmöglichkeiten für Flugzeugstrukturen, wie Verschweißen der „Clips“ mit der Außenhaut (Abbildung 2.6 (b)), der Einführung des Schweißprozesses in der Landeklappenfertigung sowie bei der laserstrahlgeschweißten hybriden Titan-Aluminium-Sitzschiene [43].

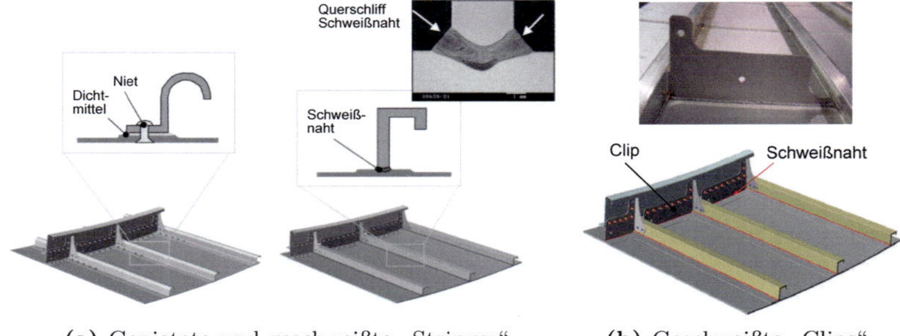

(a) Genietete und geschweißte „Stringer“ **(b)** Geschweißte „Clips“

Abbildung 2.6: Vergleich genieteter und laserstrahlgeschweißter „Stringer“ sowie geschweißter „Clips“ bei Rumpfschalen [43]

Das Rührreibschweißen („Friction Stir Welding“[14]) ist eine Abwandlung des Reibschweißens, bei dem die Reibwärme durch ein rotierendes Werkzeug erzeugt wird, das unter hoher Kraft in die Fügezone eingepresst wird. Durch dieses Schweißwerkzeug ist das Verfahren für den Einsatz von Stumpf- und Überlappungsstößen geeignet. Die Verbindung bildet sich unterhalb der Schmelztemperatur aus. Die Vorteile des Schweißverfahrens resultieren aus dem einfachen Prozessablauf sowie dem Fügen in der festen Phase, wodurch von geringem Bauteilverzug auszugehen ist. Durch die hohen Prozesskräfte wird jedoch ein massives Spannsystem zur

[14]Dieses Schweißverfahren wurde 1991 am „The Welding Institute“ (TWI) entwickelt und patentiert (`http://www.twi.co.uk/`).

Abstützung der Fügezone benötigt, was bisher einem seriellen Einsatz im Flugzeugbau entgegensteht [31].

Die Art des Schweißstoßes wird durch die Anordnung der zu fügenden Bauteile bestimmt (z. B. Stumpfstoß, Überlappstoß, Parallelstoß, T-Stoß, Schrägstoß, Eckstoß). In Abhängigkeit von der Dicke der Bauteile kommen verschiedene Nahtarten zum Einsatz (z. B. Bördelnaht, I-Naht, V-Naht, X-Naht, Y-Naht, U-Naht).

2.4.2 Berechnung von Schweißverbindungen

Die wahren Beanspruchungsverhältnisse in Schweißnähten sind von diversen Faktoren abhängig (z. B. Grund- und Zusatzwerkstoffen, Nahtart und Nahtgeometrie, Schweißverfahren, Vorbereitung der Naht, Wärmebehandlungen). Sie werden meist vereinfacht nach dem Prinzip der Nennspannungen berechnet, also ohne Berücksichtigung der ungleichmäßigen Spannungsverteilung. Die zulässigen Spannungen werden mittels eines Abminderungsfaktors so gewählt, dass ein Bruch nicht in der Schweißnaht, sondern im Grundwerkstoff erfolgt. Das Verfahren mittels Abminderungsfaktoren ist konservativ und führt tendenziell zu schweren Bauteilen.

Allgemein gilt für eine durch die Kraft F beanspruchte Schweißverbindung die Normal- bzw. Schubspannung [113]:

$$\sigma_{\mathrm{Sch}}, \tau_{\mathrm{Sch}} = \frac{F}{A_{\mathrm{Sch}}} = \frac{F}{\sum (a\, b_{\mathrm{Sch}})} \leq \sigma_{\mathrm{Sch}_{\mathrm{zul}}}, \tau_{\mathrm{Sch}_{\mathrm{zul}}} \tag{2.17}$$

mit

F	:	Zug-, Druck- oder Schubkraft
$A_{\mathrm{Sch}} = \sum (a\, b_{\mathrm{Sch}})$	:	rechn. Schweißnahtflächen; a Nahtdicke, b_{Sch} Nahtlänge
$\sigma_{\mathrm{Sch}_{\mathrm{zul}}}, \tau_{\mathrm{Sch}_{\mathrm{zul}}}$	:	zulässige Schweißnahtspannung

Wirken mehrere Spannungskomponenten in Kehl- und Stumpfnähten, so ist eine Vergleichsspannung $\sigma_{\mathrm{Sch}_{\mathrm{V}}} = \sqrt{\sigma_{\mathrm{Sch}}^2 + \tau_{\mathrm{Sch}}^2}$ zu bilden.

Bei Stumpfnähten wird die rechnerische Schweißnahtdicke a gleich der dünneren Bauteildicke gesetzt, bei Kehlnähten gleich der Höhe des in die Naht einbeschriebenen rechtwinkligen Dreiecks. Die rechnerische Nahtlänge b_{Sch} ist die geometrische Länge, welche gleich der Breite b des zu schweißenden Bauteils ist, wenn eine fehlerfreie Ausführung des Nahtanfangs und -endes vorausgesetzt wird [113].

Der Gesamt-Sicherheitsfaktor $j_{\mathrm{ges}_{\mathrm{Sch}}}$ für Schweißverbindungen setzt sich aus dem Standardsicherheitsfaktor j und den Abminderungsfaktoren (Zahlenwerte sind KÜNNE [47] zu entnehmen) zusammen.

$$j_{\mathrm{ges}_{\mathrm{Sch}}} = j\, j_{\mathrm{S}_{\mathrm{Sch}}} = \frac{j}{\alpha_0\, \alpha_{\mathrm{N}}\, \beta} \tag{2.18}$$

mit α_0 : Beiwert für die Bewertungsgruppe der Schweißnaht[15]
$\alpha_0 = 0{,}8$ für Bewertungsgruppe B
$\alpha_0 = 0{,}5$ für Bewertungsgruppe C, D

α_N : Formzahl der Naht
$\alpha_N = 0{,}92$ für V-Naht (bearbeitet) bei Zugbelastung
$\alpha_N = 0{,}35$ für Flachkehlnaht bei Zugbelastung

β : Beiwert für Schrumpfspannungen
$\beta = 0{,}9$ im allgemeinen Fall
$\beta = 1{,}0$ für Rundnähte, spannungsarm geglühte Nähte

Damit ist die Darstellung der theoretischen Grundlagen für die drei Fügeverfahren Nieten, Kleben und Schweißen zunächst abgeschlossen. Im Folgenden werden nun im nächsten Kapitel die analytischen Gewichtsfunktionale hergeleitet, wobei auf entsprechende Formelbeziehungen der vorangegangenen Abschnitte zurückgegriffen wird.

[15] Einteilung der Bewertungsgruppen (Grenzwerte für Unregelmäßigkeiten), D: niedrig, C: mittel, B: hoch [60].

3 Herleitung analytischer Gewichtsfunktionale

Ausgehend von der Belastung und den geometrischen Größen eines Strukturelements kann die zulässige Spannung als Funktion dieser Auslegungsparameter ausgedrückt werden. Basierend auf diesem Ansatz führt die Untersuchung verschiedener Strukturen zur Möglichkeit, diese mit der höchsten zulässigen Spannung und damit dem optimalen Design aus Sicht des minimalen Strukturgewichts zu ermitteln. Die Einführung des dimensionsbehafteten Strukturkennwerts K (siehe auch Abschnitt 1.2) entkoppelt die Gewichtsgleichung von den Geometrieparametern. Nach WIEDEMANN [112] ist der Strukturkennwert bei Punkt- bzw. Linienbelastung als

$$K = \frac{F}{b\,l} = \frac{p}{l} \tag{3.1}$$

definiert und ermöglicht eine übersichtliche Darstellung der Funktionale unabhängig von den äußeren Geometrieparametern in Diagrammen. Dieser sogenannte *Design-Ansatz* zur Bestimmung gewichtsminimaler Kurven ermöglicht gewichtliche Vergleiche zwischen unterschiedlichen Strukturen, Fügeverfahren und Materialien. Im Abschnitt 3.1 wird diese Herangehensweise anhand einer ungestörten Referenzstruktur und in den darauffolgenden Abschnitten für gefügte Strukturverbindungen vorgestellt. Allerdings ist eine Entkopplung von der Geometrie bei den Klebeverbindungen durch die Einführung des klassischen Strukturkennwerts nicht möglich, was eine allgemeine Vergleichbarkeit der Gewichtsfunktionale in einem Diagramm unmöglich macht und zu weiteren Überlegungen hinsichtlich eines Ansatzes für eine gewichtliche Bewertung aller in dieser Arbeit betrachteten gefügten Verbindungen in Kapitel 4 führt.

Für einen beliebigen Körper, der auch aus verschiedenen Einzelbauteilen zusammengesetzt werden kann, gilt als allgemeine Grundgleichung für das Gewicht

$$G = g\,m = g \sum_i \rho_i\, V_i\,. \tag{3.2}$$

In Bezug auf die realen Flugzeugverbindungen liegen im Allgemeinen folgende vereinfachende Annahmen zugrunde:

- Approximierte Strukturmodelle
- Vernachlässigung von Biegeeffekten
- Keine Hautaufdickungen oder Doppler

- Keine Berücksichtigung von Standardmaßen für Nietdurchmesser, Nietschaftlängen und Blechdicken

- Reine Festigkeitsauslegung

Die Bemessungsbruchkraft F_{B} („Ultimate load“) errechnet sich aus der Multiplikation des Sicherheitsfaktors $j = 1{,}5$ [22], dem Sicherheitsvielfachen j_{S} und der sicheren Last F („Limit load“). Für eine Festigkeitsauslegung ist die Bedingung

$$\sigma = \frac{F}{A} = \frac{F}{b\,t} \leq \sigma_{\mathrm{zul}} = \frac{R_m}{j_{\mathrm{ges}}} = \frac{R_m}{j\,j_{\mathrm{S}}} \tag{3.3}$$

gültig. Das Sicherheitsvielfache beinhaltet zusätzliche Sicherheitsfaktoren für die verschiedenen Fügeverfahren.

3.1 Referenzstruktur

Eine ungestörte Struktur, wie in Abbildung 3.1 dargestellt, repräsentiert das trivialste Beispiel zur Erstellung eines Gewichtsfunktionals. Es wird an dieser Stelle genutzt, um die generelle Vorgehensweise vorzustellen und dient später auch als gewichtliche Referenz für die Verbindungsstrukturen (siehe dazu auch [11]).

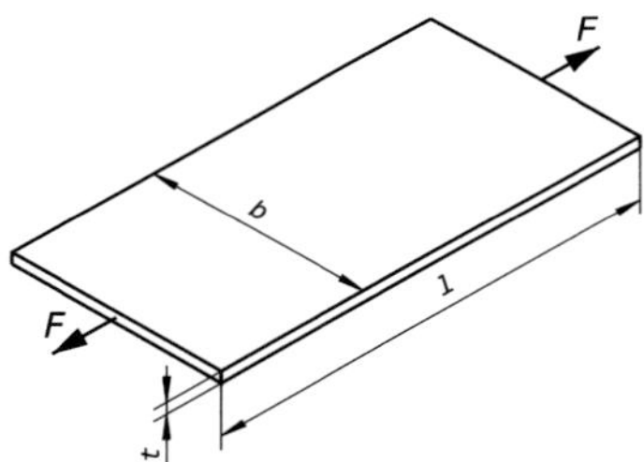

Abbildung 3.1: Zugbelastete Referenzstruktur

Durch Substitution des Volumens aus Gleichung (3.2) mit den geometrischen Parametern der Referenzstruktur folgt:

$$G_{\mathrm{R}} = g\,\rho\,b\,l\,t \tag{3.4}$$

Ausgehend von einer definierten Randbedingung für die Breite b und der daraus resultierenden Substitution der Dicke $t = (F\,j_{\mathrm{ges_R}})\,/\,(R_m\,b)$

aus Gleichung (3.3) erhält man durch Einsetzen in Gleichung (3.4) das Funktional (3.5) für minimales Gewicht der Referenzstruktur.

$$G_{\mathrm{R_{min}}} = g\,F\,j_{\mathrm{ges_R}}\,l\,\frac{\rho}{R_m} \tag{3.5}$$

Nach dem Ansatz von ASHBY [4] ist eine Separation der Materialparameter in Form des Materialindex MI $= (R_m/\rho)$ möglich. Auf diese Weise kann das geeignetste Material zur Optimierung der Zielfunktion in einem R_m-ρ-Diagramm ermittelt werden (siehe Abbildung 3.2).

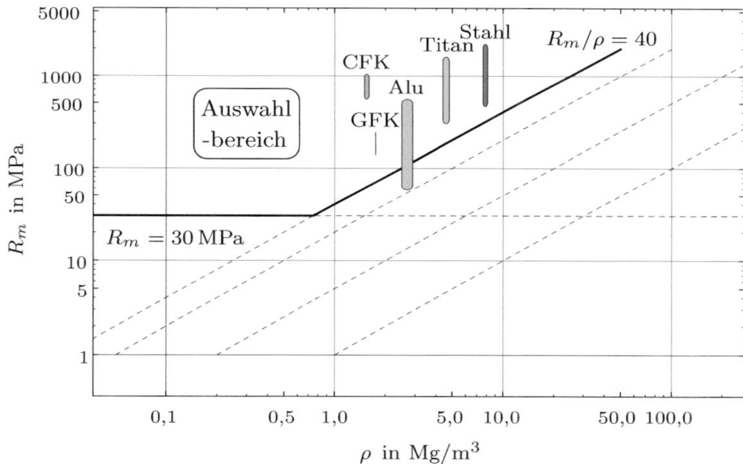

Abbildung 3.2: Materialauswahl basierend auf MI $= (R_m/\rho)$ nach ASHBY [4]

Aufgrund des breiten Wertebereichs aller Materialien wird für die Abbildung der Bruchfestigkeit R_m über der Dichte ρ eine logarithmische Darstellung gewählt. Aus dem Materialindex MI $= (R_m/\rho)$ wird [4]

$$\log R_m = \log\rho + \log \mathrm{MI}\,, \tag{3.6}$$

der sich darstellt als eine Geradenschar mit der Steigung eins. In Abbildung 3.2 sind drei Geraden gestrichelt eingezeichnet und beispielhaft eine Gerade mit $R_m/\rho = 40$ als Grenzwert hervorgehoben. Bei gegebenem Materialindex liegen die Strukturen gleichen Gewichtsergebnisses auf einer Geraden, wohingegen Materialien oberhalb der Geraden zu einem besseren und Materialien unterhalb zu einem schlechteren Ergebnis führen. Der Auswahlbereich für geeignete Materialien kann durch die Vergabe eines Grenzwertes für R_m eingeschränkt werden (hier: $R_m = 30\,\mathrm{MPa}$).

Mit der Definition des Strukturkennwerts aus Gleichung (3.1) kann Gleichung (3.5) in folgende Form überführt werden:

$$\frac{G_{\mathrm{R_{min}}}}{g\,b\,l^2} = \frac{\rho\, j_{\mathrm{ges_R}}}{R_m} K \tag{3.7}$$

Dabei ist das Sicherheitsvielfache $j_{\mathrm{S_R}} = 1$, wodurch sich der Gesamt-Sicherheitsfaktor $j_{\mathrm{ges_R}} = 1{,}5$ ergibt. Aus Gleichung (3.7), die den Zusammenhang zwischen dem minimalen Gewicht, dem Strukturkennwert und den Materialeigenschaften darstellt, wird Abbildung 3.3 abgeleitet, in der die zweidimensionale Darstellung der Kurven für unterschiedliche Materialien[16] zu sehen ist.

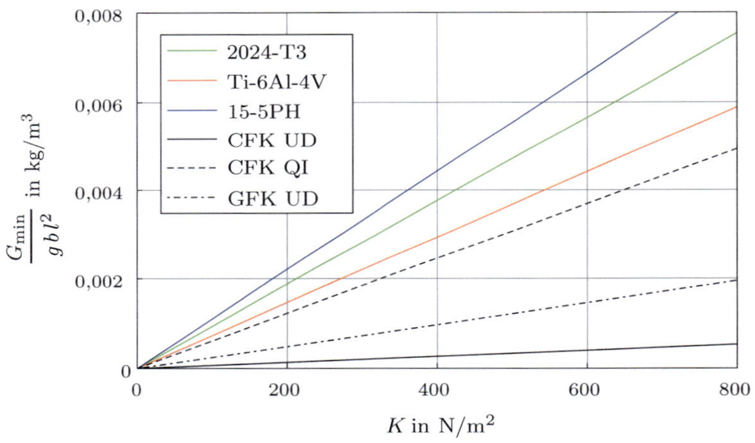

Abbildung 3.3: Gewichtsfunktionale der ungestörten Referenzstruktur für unterschiedliche Werkstoffe (Metalle und FKV)

Obwohl die Materialdichte der Aluminium-Legierung kleiner ist als die der Titan-Legierung, ist es aufgrund der höheren Bruchfestigkeit dieser Legierung möglich, unter gegebener Beanspruchung leichter zu bauen. Zudem ist das Leichtbaupotential von FKV deutlich sichtbar.

Bei den genieteten und geklebten Strukturverbindungen kann die Auswahl des Materials und des Fügeverfahrens nicht entkoppelt werden, so dass für die Darstellung der analytischen Funktionale für ausgewählte Materialien die Fügeparameter variiert werden und lediglich eine Darstellung mit dem Strukturkennwert umgesetzt wird.

[16] Die Werkstoffdaten sind dem Anhang A.2 zu entnehmen.

3.2 Genietete Strukturverbindungen

In den nachfolgenden Abschnitten 3.2.1 und 3.2.2 werden Gewichtsfunktionale für genietete Überlappungs- und Laschenverbindungen als Funktion des Strukturkennwerts hergeleitet und in Diagrammen dargestellt.

3.2.1 Überlappungsverbindung

In der nachfolgenden Abbildung 3.4 ist eine ein- und eine zweischnittige Überlappungsverbindung mit den verwendeten Parametern zur Herleitung des Gewichtsfunktionals skizziert.

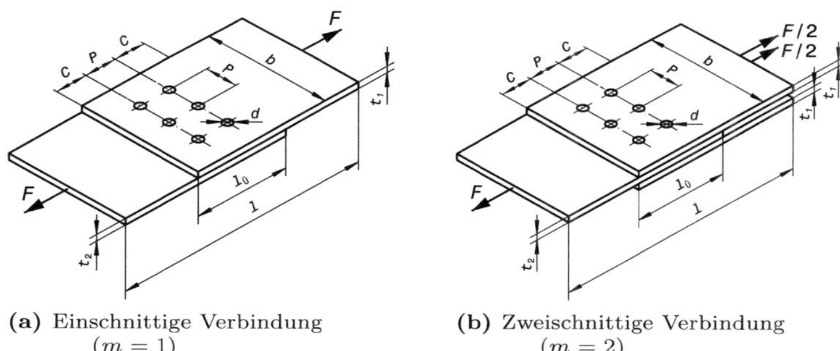

(a) Einschnittige Verbindung ($m = 1$)

(b) Zweischnittige Verbindung ($m = 2$)

Abbildung 3.4: Skizze einer zugbelasteten zweireihigen ein- bzw. zweischnittigen genieteten Überlappungsverbindung

Mit diesen Geometrieparametern folgt für ein- bzw. zweischnittige genietete Überlappungsverbindungen, ausgehend von Gleichung (3.2), die geometrische Gewichtsgleichung (3.8).

$$G_{\text{N.Ü}} = g \left(\frac{b}{2} \, (l_{\text{Ü}} + l) \, (m \, \rho_1 \, t_1 + \rho_2 \, t_2) + \frac{\pi}{4} \, d^2 \, z \, (m \, t_1 \, (\alpha \, \rho_{\text{N}} - \rho_1) + t_2 \, (\alpha \, \rho_{\text{N}} - \rho_2)) \right) \tag{3.8}$$

Der Nietschaftlängenkorrekturfaktor α ergibt sich nach ENGMANN [23] aus dem additiven Zusatzterm x_{Ko} zur Berücksichtigung der Längenzugabe zur Klemmlänge des Niets für die Ausbildung des Schließkopfes, wobei die Schnittigkeit m für einen allgemeinen Ansatz als Erweiterung eingeführt wird.

$$\alpha = \frac{m \, t_1 + t_2 + m \, x_{\text{ko}}}{m \, t_1 + t_2} = 1 + \frac{m \, x_{\text{Ko}}}{m \, t_1 + t_2} = 1 + \frac{m \, \beta \, d}{m \, t_1 + t_2} \tag{3.9}$$

Die Werte für β sind Tabelle 3.1 zu entnehmen.

Vollniet		
Aluminium	$\beta = 1{,}3$	$d > 4\text{mm}$
(flacher Schließkopf)	$\beta = 1{,}5$	$d \leq 4\text{mm}$
	$\beta = 1{,}5$	3.1324 und 3.4144 T73
Aluminium	$\beta = 0{,}9$	$d > 4\text{mm}$
(Senkkopf)	$\beta = 1{,}3$	$d \leq 4\text{mm}$
Titan	$\beta = 0{,}8$	für alle Durchmesser d

Tabelle 3.1: Korrekturfaktor β [23]

Mit den Gleichungen (2.1), (2.3), (2.4), (2.5), (2.6), (2.7), (2.9), (3.3), (3.9) und der Definition des relativen Lochabstands in Kombination mit Gleichung (2.2) ergibt sich durch Einsetzen in die geometrische Grundgleichung (3.8) das Gewichtsfunktional für die ein- bzw. zweischnittige Überlappungsnietverbindung.

$$
\begin{aligned}
G_{\text{N.Ü}_{\min}} = \frac{F\, g\, j_{\text{ges}_\text{N}}\,(1 + n\, C_\text{L})}{2\,\pi\, b\, n^2\, R_{m_1}\, R_{m_2}\, R_{m_\text{N}}^2\, C_\text{L}\, m} \Big(& \pi\, b\, l\, n\, R_{m_\text{N}}^2\, m\, (\rho_2\, R_{m_1} \\
& + \rho_1\, R_{m_2}) + 2\, F\, j_{\text{ges}_\text{N}}\, (\sqrt{3}\, R_{m_1}\, R_{m_\text{N}}\, (2\,(1 + n\, C_\text{L}) \\
& \cdot (2\, C_\text{R} + (n-1)\,(1 + n\, C_\text{L}))\, \rho_2 + \pi\, n\, (\rho_\text{N} - \rho_2)) \\
& + R_{m_2}\, (12\, n\, R_{m_1}\, C_\text{L}\, \beta\, \rho_\text{N} + \sqrt{3}\, R_{m_\text{N}}\, (2\,(1 + n\, C_\text{L}) \\
& \cdot (-1 + 2\, C_\text{R} + n + (n-1)\, n\, C_\text{L})\, \rho_1 + n\, \pi\, (\rho_\text{N} - \rho_1)))) \Big)
\end{aligned}
\quad (3.10)
$$

Mit der Annahme, dass die Bleche aus einem identischen Werkstoff bestehen ($\rho_1 = \rho_2 = \rho$, $R_{m_1} = R_{m_2} = R_m$), sowie der Rücksubstitution der Parameter η, C_LD, C_LA und der Einführung des klassischen Strukturkennwerts (siehe Gleichung (3.1)) wird Gleichung (3.10) in eine übersichtlichere Form überführt.

$$
\begin{aligned}
\frac{G_{\text{N.Ü}_{\min}}}{g\, b\, l^2} = \frac{j_{\text{ges}_\text{N}}}{2\, C_\text{LA}\, R_m\, R_{m_\text{N}}^2\, m\, \eta^2} \Big(& C_\text{LD}\, j_{\text{ges}_\text{N}}\, (4\, C_\text{LA}\, C_\text{R} \\
& + 2\, C_\text{LA}^2\, (n-1) - n\, \pi)\, R_{m_\text{N}}\, \rho + C_\text{LD}\, j_{\text{ges}_\text{N}}\, n\, (\pi\, R_{m_\text{N}} \\
& + 2\sqrt{3}\, R_m\, C_\text{L}\, \beta)\, \rho_\text{N} \Big) K^2 + \frac{j_{\text{ges}_\text{N}}\, \rho}{R_m\, \eta} K
\end{aligned}
\quad (3.11)
$$

Vergleicht man verschiedene Materialien für eine dreireihige, einschnittige Überlappungsnietverbindung erhält man Abbildung 3.5, wobei zusätzlich das Gewichtsfunktional der ungestörten Referenzstruktur eingezeichnet ist (vgl. Abbildung 3.3 der Referenzstruktur).

In Abbildung 3.6 ist eine weitere mögliche Variante der Auswertung in Diagrammen dargestellt. Die Bleche bestehen aus der Aluminium-Legierung 2024-T3 und die Niete sind aus der Titan-Legierung Ti-6Al-4V. Die Werkstoffdaten sind Tabelle A.1 und der Wert des Korrekturfaktors ist Tabelle 3.1 zu entnehmen. Der Sicherheitsfaktor, der Wirkungsgrad, der relative Lochabstand und der relative Lochdurchmesser sind im Abschnitt 2.2.2 angegeben. Weiterhin handelt es sich beispielhaft um eine einschnittige Verbindung ($m = 1$). Die Anzahl der Nietreihen wird variiert ($n = 1$, $n = 2$, $n = 3$).

Bei größeren Strukturkennwerten nimmt der Einfluss des quadratischen Terms der minimalen Gewichtsfunktion für Vernietungen (siehe Gleichung (3.11)) zu. Wie in Abbildung 3.6 (a) zu sehen ist, wird die dreireihige Vernietung einer Aluminiumverbindung für große Strukturkennwerte erwartungsgemäß am schwersten und die einreihige Vernietung am leichtesten. Aufgrund des dimensionierenden Abscherversagens für den Bereich größerer Strukturkennwerte führt die zunehmende Überlappungslänge zur höheren Masse.

Im Bereich kleiner Strukturkennwerte, dargestellt in Abbildung 3.6 (b), ist der quadratische Einfluss von Gleichung (3.11) vernachlässigbar. Im Vergleich zum Bereich der größeren Strukturkennwerte dreht sich die Situation um, so dass die dreireihige Vernietung leichter ist als die einreihige, was mit der relevanten Versagensart (Lochleibungsversagen) für kleine Strukturkennwerte zu begründen ist.

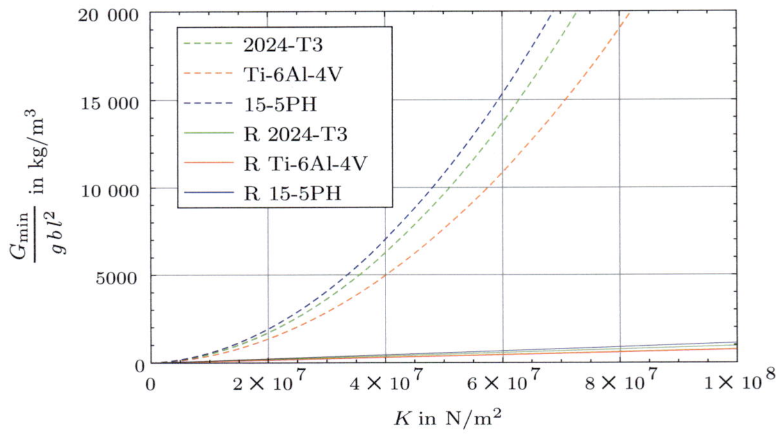

(a) Große Strukturkennwerte

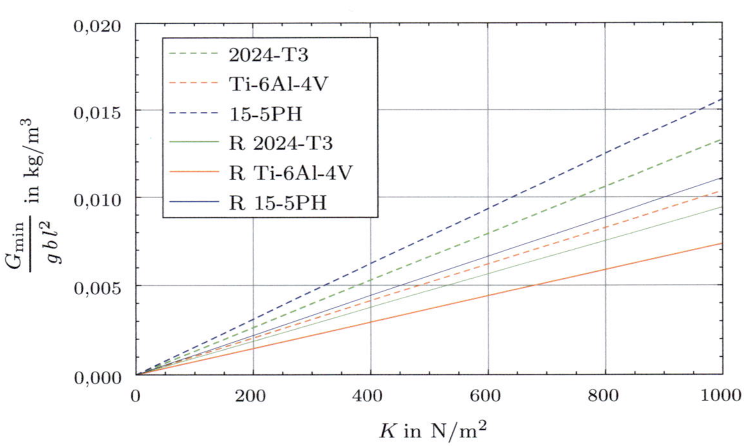

(b) Kleine Strukturkennwerte

Abbildung 3.5: Gewichtsfunktionale der einschnittigen dreireihigen Überlappungsverbindungen bei Variation des Materials für die Bleche (Material der Niete: Aluminium) und der ungestörten Referenzstruktur

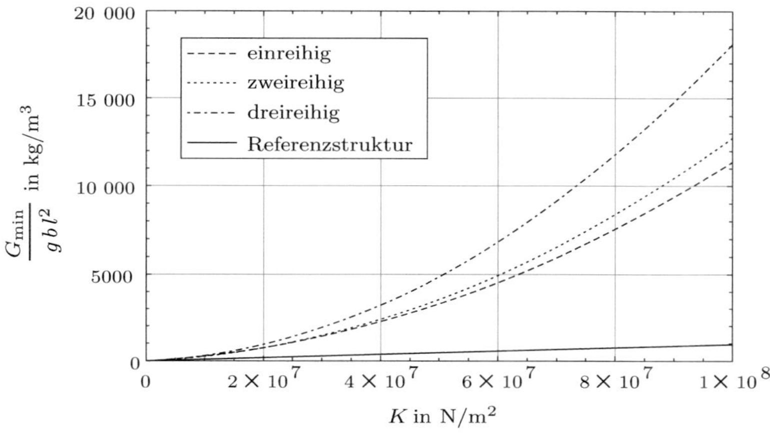

(a) Große Strukturkennwerte

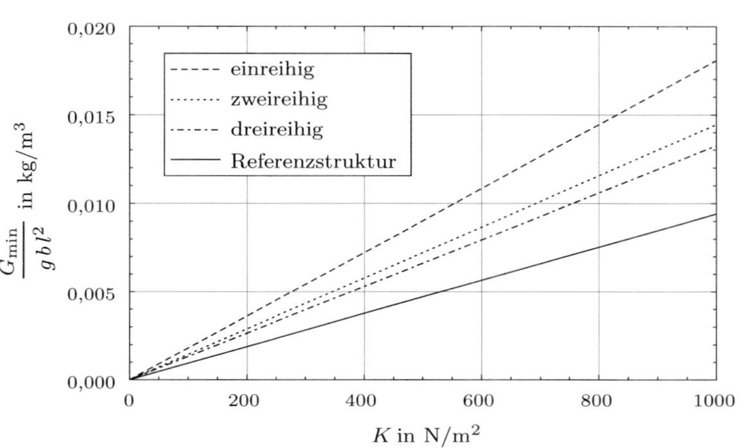

(b) Kleine Strukturkennwerte

Abbildung 3.6: Gewichtsfunktionale der einschnittigen genieteten Überlappungsverbindungen bei Variation der Nietreihenanzahl (Material des Blechs: Aluminium, Material der Niete: Titan) und der ungestörten Referenzstruktur

3.2.2 Laschenverbindung

Für die Laschenverbindungen sind nachfolgend in Abbildung 3.7 eine ein- und eine zweischnittige (exemplarisch eine zweireihige) Verbindung mit den verwendeten geometrischen Parametern skizziert.

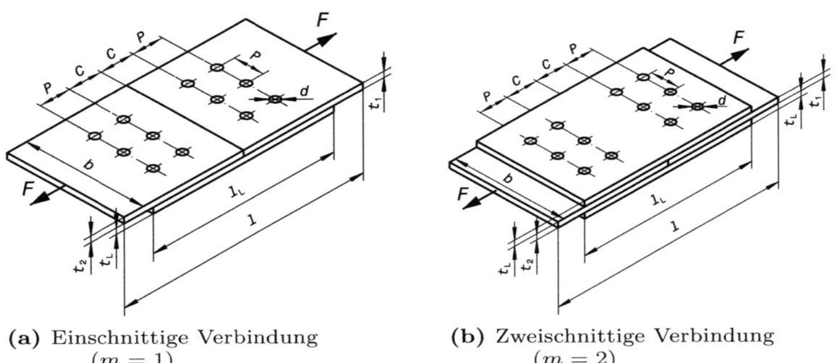

(a) Einschnittige Verbindung ($m = 1$)

(b) Zweischnittige Verbindung ($m = 2$)

Abbildung 3.7: Skizze einer zugbelasteten zweireihigen ein- bzw. zweischnittigen genieteten Laschenverbindung

Für ein- bzw. zweischnittige genietete Laschenverbindungen folgt mit Verwendung der angegeben Parameter, ausgehend von der Basisgleichung (3.2), die geometrische Gewichtsgleichung (3.12).

$$G_{\mathrm{N.L}} = g \left(\frac{b}{2}\, l \,(t_1\, \rho_1 + t_2\, \rho_2) + m\, b\, l_{\mathrm{L}}\, t_{\mathrm{L}}\, \rho_L + \frac{\pi}{4}\, d^2\, z\, (t_1\, (\rho_N\, \alpha - \rho_1)) \right.$$
$$\left. + t_2\, (\rho_N\, \alpha - \rho_2) + 2\, m\, t_{\mathrm{L}}\, (\rho_{\mathrm{N}}\, \alpha - \rho_{\mathrm{L}}) \right) \tag{3.12}$$

Für die Laschenverbindungen müssen die Gleichungen zur Dimensionierung von Nietverbindungen aus Abschnitt 2.2.2 teilweise modifiziert werden, wobei eine Laschenverbindung zwei einschnittige Überlappungen von Blech 1 bzw. von Blech 2 auf die Lasche darstellt. Die Länge der Lasche berechnet sich mittels Gleichung (2.8).

In den Gleichungen (2.3) und (2.5) wird die Dicke t_1 des Blechs 1 durch die Laschendicke t_{L} substituiert. Die Dicke der Bleche berechnet sich unter Anwendung von Gleichung (2.4) zu

$$t_1 = m\, t_L\, \frac{R_{m_{\mathrm{L}}}}{R_{m_1}}, \qquad t_2 = m\, t_{\mathrm{L}}\, \frac{R_{m_{\mathrm{L}}}}{R_{m_2}}. \tag{3.13}$$

Mit den Gleichungen (2.1), (2.7), (2.8), (2.9), (3.3), (3.9), (3.13), der Definition des relativen Lochabstandes in Kombination mit Gleichung (2.2) und Gleichungen (2.3) und (2.5), wobei die Blechdicke t_1 durch die Laschendicke t_L ersetzt wird, kann die Gewichtsgleichung für Laschenverbindungen aufgestellt werden.

$$
\begin{aligned}
G_{\mathrm{N.L_{min}}} = {} & \frac{F\,g\,j_{\mathrm{ges_N}}(1+n\,C_\mathrm{L})}{2\,b\,n^2\,\pi\,R_{m_1}\,R_{m_2}\,R_{m_\mathrm{L}}\,(R_{m_2}+R_{m_\mathrm{L}})\,R_{m_\mathrm{N}}^2\,C_\mathrm{L}\,m}\Big(b\,l\,n\,\pi \\
& \cdot R_{m_\mathrm{L}}\,(R_{m_2}+R_{m_\mathrm{L}})\,R_{m_\mathrm{N}}^2\,m\,(R_{m_2}\,\rho_1+R_{m_1}\,\rho_2) - 2\,F\,j_{\mathrm{ges_N}} \\
& \cdot(-8\sqrt{3}\,(2\,C_\mathrm{R}-1)\,R_{m_1}\,R_{m_2}\,(R_{m_2}+R_{m_\mathrm{L}})\,R_{m_\mathrm{N}}\,\rho_\mathrm{L} + 8\sqrt{3}\,n^2\,R_{m_1}\,R_{m_2} \\
& \cdot(R_{m_2}+R_{m_\mathrm{L}})\,R_{m_\mathrm{N}}\,(C_\mathrm{L}-2)\,C_\mathrm{L}\,\rho_\mathrm{L} - 8\sqrt{3}\,n^3\,R_{m_1}\,R_{m_2}\,(R_{m_2}+R_{m_\mathrm{L}}) \\
& \cdot R_{m_\mathrm{N}}\,C_\mathrm{L}^2\,\rho_\mathrm{L} + \sqrt{3}\,n\,\pi\,(R_{m_2}+R_{m_\mathrm{L}})\,R_{m_\mathrm{N}}\,(R_{m_2}\,R_{m_\mathrm{L}}\,\rho_1 + R_{m_1}\,R_{m_\mathrm{L}}\,\rho_2 \\
& + 2\,R_{m_1}\,R_{m_2}\,\rho_\mathrm{L} - (2\,R_{m_1}\,R_{m_2} + (R_{m_1}+R_{m_2})\,R_{m_\mathrm{L}})\,\rho_\mathrm{N}) \\
& + 4\,n\,R_{m_2}\,(-2\sqrt{3}\,R_{m_1}\,(R_{m_2}+R_{m_\mathrm{L}})\,R_{m_\mathrm{N}}\,(1+2\,(C_\mathrm{R}-1)\,C_\mathrm{L})\rho_\mathrm{L} \\
& - 3\,R_{m_\mathrm{L}}\,(2\,R_{m_1}\,R_{m_2} + (R_{m_1}+R_{m_2})\,R_{m_\mathrm{L}})\,C_\mathrm{L}\beta\,\rho_\mathrm{N}))\Big)
\end{aligned}
\tag{3.14}
$$

Mit der Annahme, dass die Bleche aus einem identischen Werkstoff bestehen ($\rho_1 = \rho_2 = \rho_\mathrm{L} = \rho$, $R_{m_1} = R_{m_2} = R_{m_\mathrm{L}} = R_m$), der Rücksubstitution der Parameter η, C_LD, C_LA und der Einführung des klassischen Strukturkennwerts (siehe Gleichung (3.1)) wird Gleichung (3.14) in eine quadratische Gleichung der Form $G_{\mathrm{N.\ddot{U}_{min}}} = f\,(K)$ überführt.

$$
\begin{aligned}
\frac{G_{\mathrm{N.\ddot{U}_{min}}}}{g\,b\,l^2} = {} & \frac{j_{\mathrm{ges_N}}}{C_\mathrm{LA}\,R_m\,R_{m_\mathrm{N}}^2\,m\,\eta^2}\Big(C_\mathrm{LD}\,j_{\mathrm{ges_N}}\,(4\,C_\mathrm{LA}\,C_\mathrm{R} \\
& + 2\,C_\mathrm{LA}^2\,(n-1) - n\,\pi)\,R_{m_\mathrm{N}}\,\rho + C_\mathrm{LD}\,j_{\mathrm{ges_N}}\,n\,(\pi\,R_{m_\mathrm{N}} \\
& + 2\sqrt{3}\,R_m\,C_\mathrm{L}\,\beta)\,\rho_\mathrm{N}\Big)\,K^2 + \frac{j_{\mathrm{ges_N}}\,\rho}{R_m\,\eta}\,K
\end{aligned}
\tag{3.15}
$$

Der Term des quadratischen Strukturkennwerts aus Gleichung (3.15), der den gewichtlichen Anteil der Laschenverbindung repräsentiert, ist doppelt so groß als bei der Überlappungsverbindung, was wie zu erwarten aus der Vorstellung resultiert, dass eine Laschenverbindung aus zwei Überlappungsverbindungen besteht. Infolgedessen hat eine Laschenverbindung immer einen Gewichtsnachteil bezüglich einer Überlappungsverbindung. Der lineare Funktionsterm weist im Vergleich zur ungestörten Referenzstruktur zusätzlich im Nenner den Wirkungsgrad η für Nietverbindungen aus Gleichung (2.1) auf.

In Anlehung an die Darstellungsformen der Überlappungsverbindung sind für die Laschenverbindungen die Diagramme zum gewichtlichen Vergleich bei Variation des Materials (Abbildung A.2) und bei Variation der Nietreihen (Abbildung A.3) in Anhang A.4 dargestellt.

Vergleichende Diagramme einschnittiger und zweischnittiger Laschenverbindungen einer Aluminiumstruktur sind in Abbildung 3.8 dargestellt. Die einschnittige Lasche ist im Bereich großer Belastungen schwerer. Im Bereich kleiner Strukturkennwerte ist eine mehrreihige einschnittige Lasche jedoch noch leichter als eine einreihige zweischnittige Lasche. Demnach gibt es zwangsläufig Schnittpunkte, an denen mindestens zwei Verbindungsformen bei gleicher Belastung ein identisches bezogenes Gewicht aufweisen. Diese Schnittpunkte stellen hinsichtlich einer gewichtlichen Bewertung der alternativen Strukturverbindungen sogenannte *Wechselpunkte* der Technologie dar.

3.2.3 Vergleich der genieteten Verbindungen

Neben der gewichtlichen Betrachtung einer bestimmten genieteten Verbindung bei Variation der Nietreihenanzahl ist auch ein Vergleich der verschiedenen Verbindungsarten von Bedeutung. In Abbildung 3.9 sind Überlappungs- und Laschenverbindungen für eine zweireihige Aluminiumstruktur gegenübergestellt.

Bei großen Strukturkennwerten weisen zweischnittige Verbindungen ein geringeres Gewicht auf als einschnittige Verbindungen, während bei kleinen Strukturkennwerten alle hier betrachteten Verbindungen gewichtlich zusammenfallen. Die Gewichtsfunktionen der einschnittigen Überlappung und der zweischnittigen Lasche sind über den gesamten Wertebereich des Strukturkennwerts identisch.

Eine Begründung dafür findet sich in der Versagenseigenschaften der Nietverbindungen. Bei großen Strukturkennwerten versagt die Verbindung durch Abscheren der Niete. Bei einer zweischnittigen Verbindung sind zwei Schubebenen vorhanden, weshalb diese Verbindungen aufgrund des doppelten Widerstands gegenüber Nietversagen durch Abscheren kleinere Nietdurchmesser benötigen, was eine geringere Überlappungs- bzw. Laschenlänge und damit ein geringeres Gewicht zur Folge hat. Die Tatsache, dass die Laschen- und die Überlappungsverbindung im Bereich kleiner Strukturkennwerte ein annähernd gleiches Gewicht aufweisen, ist auf den geringen Einfluss der Überlappungs- bzw. Laschenlänge bei geringen Belastungen zurückzuführen.

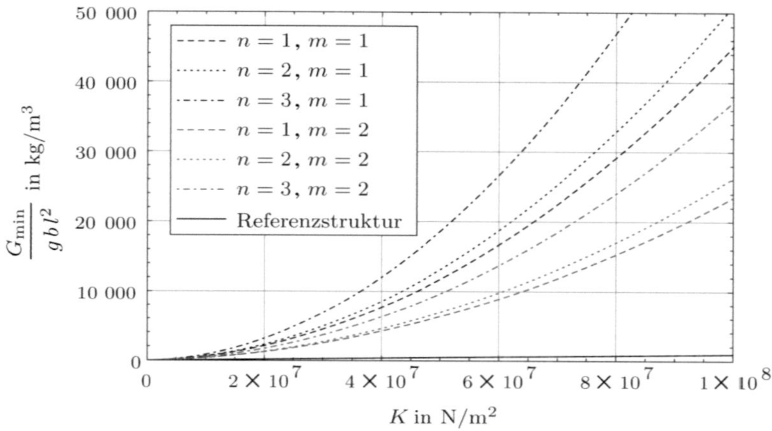

(a) Große Strukturkennwerte

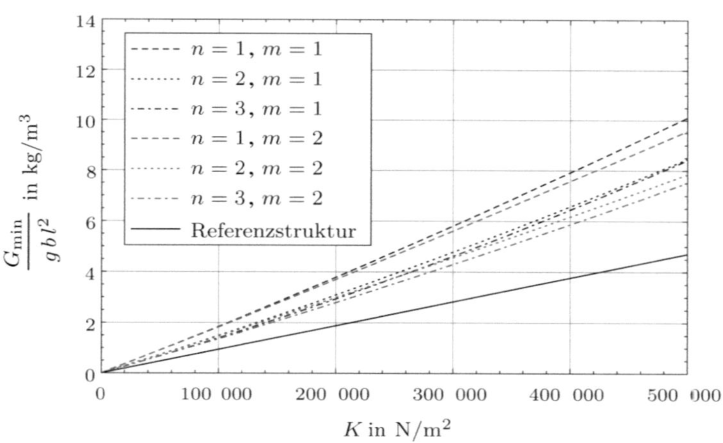

(b) Kleine Strukturkennwerte

Abbildung 3.8: Vergleich der Gewichtsfunktionale für genietete ein- und zweischnittige Laschenverbindungen bei Variation der Nietreihenanzahl (Material Blech: Aluminium, Material Niete: Aluminium) und für die ungestörte Referenzstruktur

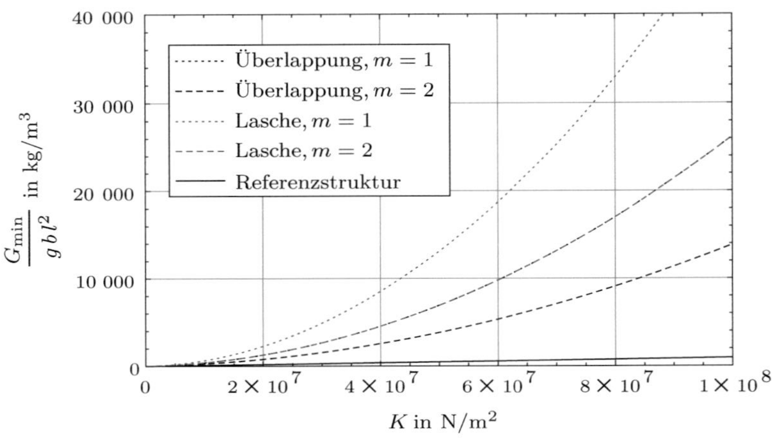

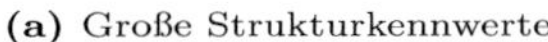

(a) Große Strukturkennwerte

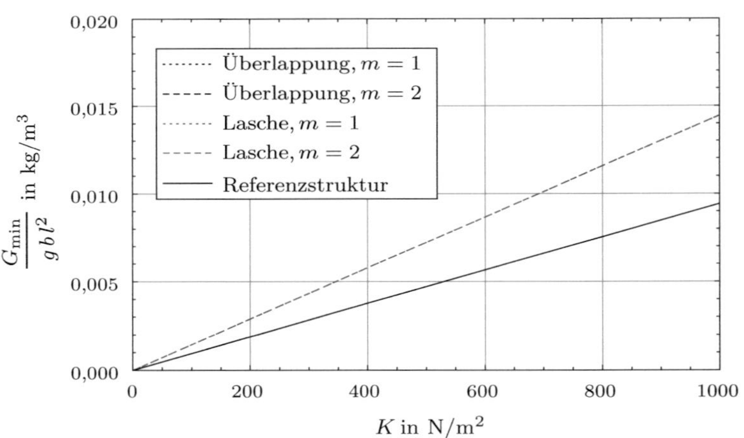

(b) Kleine Strukturkennwerte

Abbildung 3.9: Vergleich der Gewichtsfunktionale für genietete ein- und zweischnittige Überlappungs- und Laschenverbindungen bei zweireihiger Vernietung (Material Blech: Aluminium, Material Niete: Aluminium) und für die ungestörte Referenzstruktur

3.3 Geklebte Strukturverbindungen

In den nachfolgenden zwei Abschnitten 3.3.1 und 3.3.2 werden die Gewichtsfunktionale für Klebeverbindungen auf Basis der in Abschnitt 2.3.2 vorgestellten Dimensionierung hergeleitet (siehe dazu auch [10]).

3.3.1 Überlappungsverbindung

In der nachfolgenden Abbildung 3.10 ist eine ein- bzw. zweischnittige geklebte Überlappungsverbindung mit den verwendeten geometrischen Parametern skizziert.

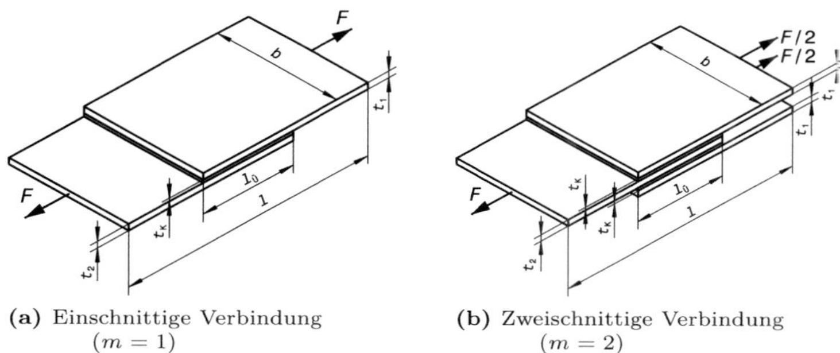

(a) Einschnittige Verbindung ($m = 1$)

(b) Zweischnittige Verbindung ($m = 2$)

Abbildung 3.10: Skizze einer zugbelasteten ein- bzw. zweischnittigen geklebten Überlappungsverbindung

Ausgehend von Gleichung (3.2) erhält man durch Substitution des Volumens der Bleche und der Klebeschicht die geometrische Gewichtsgleichung für geklebte Überlappungsverbindungen.

$$G_{\text{K.Ü}} = g\left(\frac{b}{2}\,(l_{\text{Ü}} + l)\,(m\,\rho_1\,t_1 + \rho_2\,t_2) + m\,\rho_{\text{K}}\,l_{\text{Ü}}\,b\,t_{\text{K}}\right) \tag{3.16}$$

Angenommen wird nun, dass die Bleche aus identischen Werkstoffen bestehen ($\rho_1 = \rho_2 = \rho$, $R_{m_1} = R_{m_2} = R_m$) und die Masse der Klebeschicht im Verhältnis zur Blechmasse vernachlässigbar gering ausfällt ($m_{\text{K}} = m\,\rho_{\text{K}}\,l_{\text{Ü}}\,b\,t_{\text{K}} \approx 0$). Mit Gleichung (2.15) für die Blechdicke t_2 und $t_1 = t$ ergibt sich die vereinfachte geometrische Gewichtsgleichung.

$$G_{\text{K.Ü}} = g\,(b\,(l_{\text{Ü}} + l)\,\rho\,t\,m) \tag{3.17}$$

Unter Verwendung der Wirkungslänge als Überlappungslänge aus Gleichung (2.14), der Gleichung (2.15) zur Bestimmung der Blechdicke t sowie

Gleichung (3.3) erhält man ein analytisches Gewichtsfunktional für ein- und zweischnittige geklebte Überlappungsverbindungen.

$$G_{\mathrm{K.\ddot{U}_{min}}} = \frac{F\,g\,l\,\rho\,j_{\mathrm{ges_K}}}{R_m} + \frac{5}{\sqrt{2}}\,\rho\,g\,\sqrt{\frac{E\,t_{\mathrm{K}}}{G_{\mathrm{K}}\,b\,m}}\left(\frac{F\,j_{\mathrm{ges_K}}}{R_m}\right)^{3/2} \qquad (3.18)$$

Aufgrund des mathematischen Aufbaus von Gleichung (3.18) können mit dem von WIEDEMANN [112] definierten Strukturkennwert $K = F/(b\,l)$ (siehe Gleichung (3.1)), welcher für die Referenzstruktur und die Nietverbindungen als Vergleichsgröße angsetzt wurde, keine geometrisch unabhängigen Gewichtsfunktionale für Kleberverbindungen erzielt werden. Eine Entkopplung ist mit einem angepassten Strukturkennwert $\tilde{K} = F/(b\,l^2)$ zu erreichen (siehe Gleichung (3.18)). Damit wird allerdings gegen die physikalische Definition des Strukturkennwerts verstoßen, der die Einheit einer Spannung besitzt [112]. Eine allgemeine Vergleichbarkeit der Gewichtsfunktionale aller Fügeverfahren auf Basis des klassischen Strukturkennwerts ist demnach nicht möglich.

$$\frac{G_{\mathrm{K.\ddot{U}_{min}}}}{g\,b\,l^3} = \frac{\rho\,j_{\mathrm{ges_K}}}{R_m}\,\tilde{K} + \frac{5}{\sqrt{2}}\,\rho\,\sqrt{\frac{E\,t_{\mathrm{K}}}{G_{\mathrm{K}}\,m}}\left(\frac{j_{\mathrm{ges_K}}}{R_m}\right)^{3/2}\tilde{K}^{3/2} \qquad (3.19)$$

Dieses Gewichtsfunktional ist in Abbildung 3.11 dargestellt.

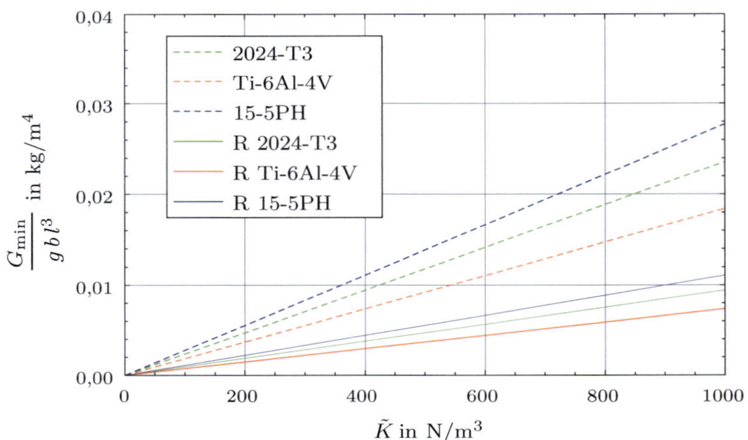

Abbildung 3.11: Gewichtsfunktionale der geklebten einschnittigen Überlappungsverbindung bei unterschiedlichen Werkstoffen der Fügeteile (Klebstoff: Schubmodul 1100 N/mm^2, Schichtdicke 0,2 mm) und der ungestörten Referenzstruktur

Vergleicht man für konstante Klebstoffkenngrößen (Schubmodul der Klebeschicht: $G_{\mathrm{K}} = 1100\,\mathrm{N/mm^2}$, Klebschichtdicke $t_{\mathrm{K}} = 0{,}2\,\mathrm{mm}$) die Einflüsse der Fügeteilwerkstoffe, so ist bei Klebungen eine Verbindung von Stahlbauteilen aufgrund der höheren Dichte schwerer als eine Aluminiumkonstruktion. Titan baut aufgrund des günstigsten Verhältnisses von Dichte zu Belastbarkeit am leichtesten (siehe Abbildung 3.11), wie bereits für die Referenzstruktur gezeigt werden konnte.

3.3.2 Laschenverbindung

Nachfolgend ist in Abbildung 3.12 eine ein- bzw. zweischnittige geklebte Laschenverbindung mit den geometrischen Parametern skizziert.

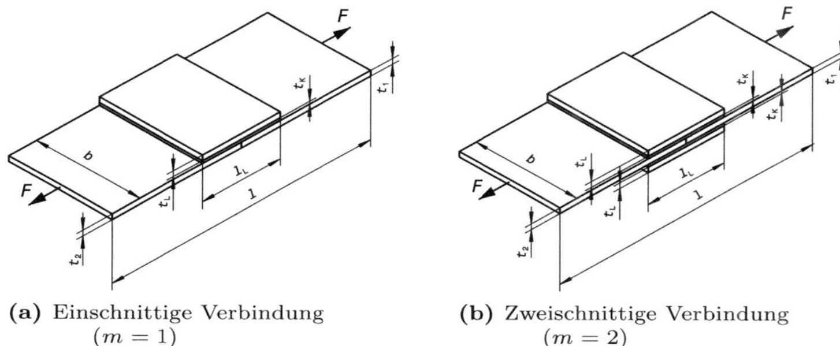

(a) Einschnittige Verbindung ($m = 1$)

(b) Zweischnittige Verbindung ($m = 2$)

Abbildung 3.12: Skizze einer zugbelasteten ein- bzw. zweischnittigen geklebten Laschenverbindung

Ausgehend von der Basisgleichung (3.2) erhält man durch Substitution des Volumens der Bleche und der Klebeschicht mit den Parametern aus Abbildung 3.12 die geometrische Gewichtsgleichung für geklebte Laschenverbindungen.

$$G_{\mathrm{K.L}} = g \left(\frac{b}{2}\, l \,(\rho_1\, t_1 + \rho_2\, t_2) + m\, b\, l_{\mathrm{L}}\, \rho_{\mathrm{L}}\, t_{\mathrm{L}} + m\, \rho_{\mathrm{K}}\, l_{\mathrm{K}}\, b\, t_{\mathrm{K}} \right) \tag{3.20}$$

Analog zu den geklebten Überlappungsverbindungen wird nun ebenfalls angenommen, dass die Bleche und ergänzend die Lasche aus gleichen Werkstoffen bestehen ($\rho_1 = \rho_2 = \rho_{\mathrm{L}} = \rho$, $R_{m_1} = R_{m_2} = R_{m_L} = R_m$) und die Masse der Klebeschicht vernachlässigbar ist ($m_{\mathrm{K}} \approx 0$). Mit der Gleichung (2.15) für die Blechdicke t_2, wobei t_1 durch die Laschendicke

t_L ersetzt wird, $t_1 = t_2\, R_{m_1}/R_{m_2}$ und $t_\mathrm{L} = t$, ergibt sich die vereinfachte geometrische Gewichtsgleichung für die geklebten Laschenverbindungen.

$$G_\mathrm{K.L} = g\ (b\, l\, \rho\, m\, t + m\, b\, l_\mathrm{L}\, \rho\, t) \tag{3.21}$$

Mit der Wirkungslänge aus Gleichung (2.14), die für die Berechnung der Laschenlänge $l_\mathrm{L} = 2\, l^*$ herangezogen wird, und Gleichung (2.15) für die Blechdicke t, ensteht durch Einsetzen in Gleichung (3.21) das analytische Gewichtsfunktional für ein- und zweischnittige geklebte Laschenverbindungen (siehe Gleichung (3.22)). Der gewichtliche Anteil der Verbindung ist doppelt so groß als bei den geklebten Überlappungsverbindungen.

$$G_{\mathrm{K.L_{min}}} = \frac{F\, g\, l\, \rho\, j_{\mathrm{ges_K}}}{R_m} + 5\,\sqrt{2}\,\rho\, g\,\sqrt{\frac{E\, t_\mathrm{K}}{G_\mathrm{K}\, b\, m}}\,\left(\frac{F\, j_{\mathrm{ges_K}}}{R_m}\right)^{3/2} \tag{3.22}$$

Mit dem angepassten Strukturkennwert $\tilde{K}$ wird Gleichung (3.22) umgeschrieben in

$$\frac{G_{\mathrm{K.L_{min}}}}{g\, b\, l^3} = \frac{\rho\, j_{\mathrm{ges_K}}}{R_m}\,\tilde{K} + 5\,\sqrt{2}\,\rho\,\sqrt{\frac{E\, t_\mathrm{K}}{G_\mathrm{K}\, m}}\,\left(\frac{j_{\mathrm{ges_K}}}{R_m}\right)^{3/2}\,\tilde{K}^{3/2}\,. \tag{3.23}$$

3.3.3 Vergleich der geklebten Verbindungen

Den gewichtlichen Vergleich, der in den vorangegangenen zwei Abschnitten 3.3.1 und 3.3.2 hergeleiteten Gewichtsfunktionale für geklebte Überlappungs- und Laschenverbindungen bei Variation der Schnittigkeit und der ungestörten Referenzstruktur, zeigt Abbildung 3.13.

Bei kleinen Werten des angepassten Strukturkennwerts ist aus gewichtlicher Sicht nur ein geringer (bis kein) Unterschied zwischen den in den vorhergehenden Abschnitten betrachteten geklebten Verbindungsgeometrien zu erkennen, was aufgrund der Gewichtsgleichungen zu erwarten ist. Die Gewichtsfunktionale für die Überlappungsverbindungen und die Laschenverbindungen fallen auf eine Kurve zusammen. Bei höheren Belastungen baut jedoch eine Überlappung leichter als eine Laschenverbindung, was auf den Wert der Überlappungslänge zurückzuführen ist. Nach Wiedemann [112] ist eine Klebeverbindung mit dünnen Fügeteilen im Hinblick auf das Leichtbaupotential ideal. Deshalb verwundert es nicht, dass die zweischnittigen Verbindungen aus Sicht des minimalen Strukturgewichts gewichtlich günstiger sind.

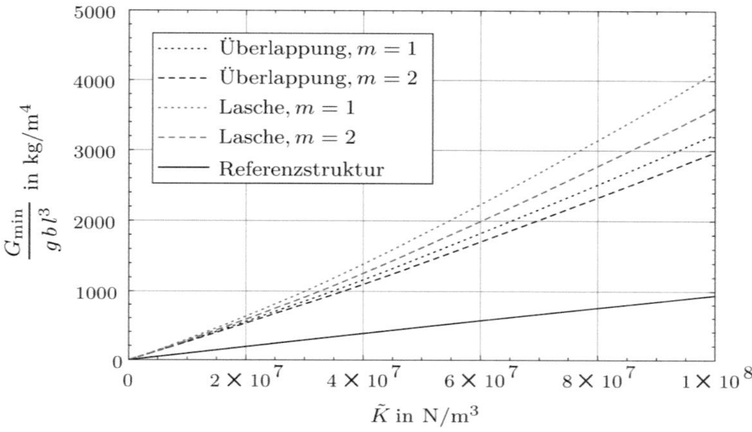

(a) Große Strukturkennwerte

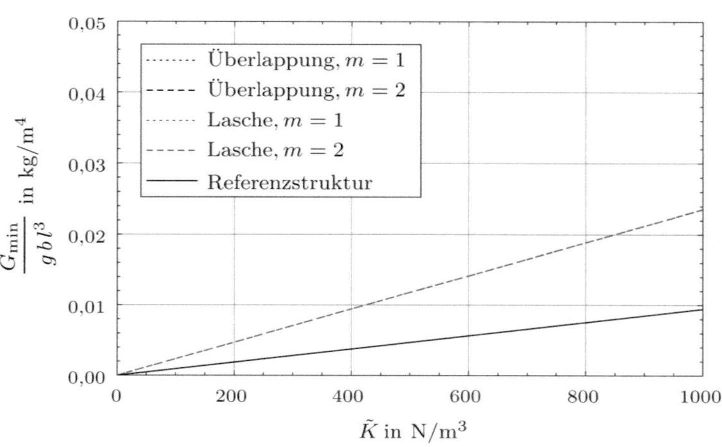

(b) Kleine Strukturkennwerte

Abbildung 3.13: Gewichtsfunktionale der geklebten Überlappungs- und Laschenverbindungen (Material der Bleche: Aluminium, Klebstoff: Schubmodul 1100 N/mm^2, Klebschichtdicke 0,2 mm) und der ungestörte Referenzstruktur

3.4 Geschweißte Strukturverbindungen

In den nachfolgenden Abschnitten 3.4.1 und 3.4.2 werden analytische Gewichtsfunktionale für geschweißte Stumpfstoß und für Überlappungs- bzw. Laschenverbindungen[17] hergeleitet.

3.4.1 Stumpfstoß

Die nachfolgende Abbildung 3.14 zeigt eine Stumpfstoßschweißverbindung mit einer idealisierten V-Naht und den geometrischen Parametern.

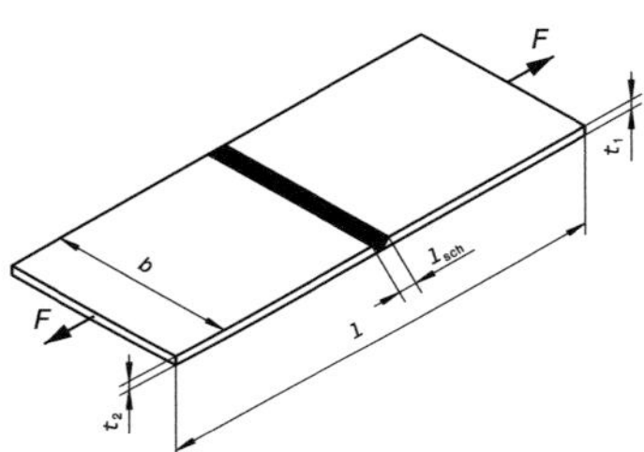

Abbildung 3.14: Skizze einer zugbelasteten Stumpfstoßschweißverbindung

Mit der Gleichung (3.2) und den geometrischen Parametern ergibt sich die geometrische Gewichtsgleichung für eine geschweißte Stumpfstoßverbindung.

$$G_{\text{Sch.S}} = g \left(\frac{b}{2} \, (l - l_{\text{Sch}}) \, (\rho_1 \, t_1 + \rho_2 \, t_2) + b \, l_{\text{Sch}} \, \alpha_{\text{Sch}} \, a \, \rho_{\text{Sch}} \right) \tag{3.24}$$

Der Parameter α_{Sch} ist ein Korrekturfaktor entsprechend dem Nietschaftlängenkorrekturfaktor bei den vernieteten Verbindungen aus Abschnitt 3.2.1. Mit diesem kann zum Beispiel eingebrachter Zusatzwerkstoff beziehungsweise eine Aufdickung der Schweißnaht berücksichtigt werden. Im Allgemeinen wird eine Schweißnaht jedoch nachbehandelt, weshalb dieser Faktor meist zu eins gesetzt werden kann, was für die weitere Herleitung angesetzt wird. Mit der Länge der Schweißnaht $l_{\text{Sch}} = 0$ wird das Gewicht der Schweißnaht vernachlässigt, da dieses im Vergleich zum Strukturgewicht der Bauteile nicht relevant ist.

[17] Es sei an dieser Stelle angemerkt, dass die Betrachtung in den Fügeformen Überlappung und Lasche zunächst rein theoretisch ist und nur eine geringe praktische Bedeutung hat. Da Überlappungs- und Laschenverbindungen jedoch bei den Fügeverfahren Nieten und Kleben typischerweise vorgefunden werden, werden auch geschweißte Überlappungen und Laschen betrachtet, um einen direkten Vergleich der Fügeverfahren zu ermöglichen.

Es werden weitere vereinfachende Annahmen getroffen. Die Dichte der Schweißnaht ist gleich der des Blechwerkstoffs und die Werkstoffe der beiden Bleche sind gleich ($\rho_1 = \rho_2 = \rho, R_{m_1} = R_{m_2} = R_m$). Dies kann ohne weiteres angenommen werden, da mit den meisten Schweißverfahren lediglich gleichartige Werkstoffe gefügt werden können, die sich in Dichte und Festigkeit nur geringfügig unterscheiden. Daraus folgt, dass beide Bleche die gleiche Dicke t haben. Somit vereinfacht sich die geometrische Gleichung (3.24) einer geschweißten Stumpfstoßschweißverbindung zu

$$G_{\mathrm{Sch.S}} = g\,\rho\,b\,l\,t\,. \tag{3.25}$$

Mit $t = a$ und der Substitution der Nahtdicke durch Gleichung (2.17) (siehe Abschnitt 2.4.2), der Verwendung von Gleichung (2.18) des Gesamt-Sicherheitsfaktors für Schweißverbindungen, ergibt sich die nachfolgend aufgeführte Gewichtsgleichung.

$$G_{\mathrm{Sch.S_{min}}} = g\,F\,j_{\mathrm{ges_{Sch}}}\,l\,\frac{\rho}{R_m} \tag{3.26}$$

Mit der Definition des Strukturkennwerts aus Gleichung (3.1) kann Gleichung (3.26) in das nachfolgend aufgeführte Gewichtsfunktional für geschweißte Stumpfstoßverbindungen überführt werden.

$$\frac{G_{\mathrm{Sch.S_{min}}}}{g\,b\,l^2} = \frac{\rho\,j_{\mathrm{ges_{Sch}}}}{R_m}\,K \tag{3.27}$$

Betrachtet man nun die zu Grunde liegenden Gleichungen für die Schweißverbindung und die Referenzstruktur, so ist der Unterschied im Zahlenwert des Sicherheitsfaktors zu finden, welcher beim geschweißten Stumpfstoß größer ist. Dies resultiert aus der in Abschnitt 2.4.2 beschriebenen Vorgehensweise, die einen Bruch in der Schweißnaht ausschließt, da dieser im Grundwerkstoff auftreten soll. Der höhere Sicherheitsfaktor der Schweißverbindung stellt sich im Vergleich zur Referenzstruktur durch eine geänderte Steigung der Geraden dar.

3.4.2 Überlappungsverbindung

Eine Überlappungsverbindung kann geschweißt mit Stirnkehlnähten gemäß Abbildung 3.15 ausgeführt werden.

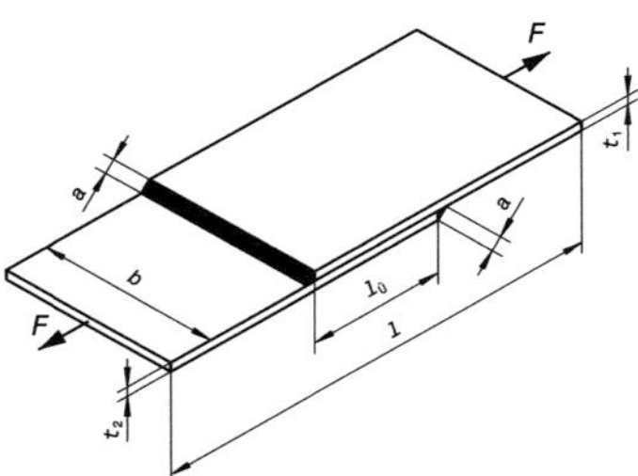

Abbildung 3.15: Skizze einer zugbelasteten Überlappungsschweißverbindung

Ausgehend von der Grundgleichung (3.2) gilt für das geometrische Gewichtsfunktional der geschweißten Überlappungsverbindung Gleichung (3.28), wobei die Querschnittsflächen der Stirnkehlnähte als gleichschenklige Dreiecke abstrahiert werden.

$$G_{\mathrm{Sch.Ü}} = g \left(\frac{b}{2} \, (l_{\mathrm{Ü}} + l) \, (\rho_1 \, t_1 + \rho_2 \, t_2) + \frac{b}{2} \, \alpha_{\mathrm{Sch}} \, \rho_{\mathrm{Sch}} \, \left(t_1^2 + t_2^2\right) \right) \tag{3.28}$$

Mittels der Annahme gleicher Werkstoffe für die beiden Bleche und den Schweißzusatzstoff ergibt sich die Gewichtsgleichung (3.29).

$$G_{\mathrm{Sch.Ü}} = g \, b \, t \, (l + \alpha_{\mathrm{L}} \, t + t) \, \rho \tag{3.29}$$

Die Überlappungslänge wurde dabei durch $l_{\mathrm{Ü}} = \alpha_{\mathrm{L}} \, t$ ersetzt, wobei der Parameter α_{L} das Verhältnis der Überlappungslänge zur Blechdicke definiert. Die Länge der Überlappung ergibt sich primär aus der Größe der Wärmeeinflusszone, also dem Bereich, in dem durch die Temperaturerhöhung des Schweißprozesses Gefügeänderungen auftreten. Die Wärmeeinflusszonen der beiden Kehlnähte sollen sich in der Mitte der Überlappungslänge nicht berühren. Die Größe der Wärmeeinflusszone hängt nach Fahrenwaldt [24] vor allem von dem verwendeten Schweißverfahren und dem Bauteilwerkstoff ab. Größenangaben schwanken zwischen der fünf- bis zehnfachen Blechdicke, wobei für dickere Bauteile die Wärmeeinflusszonen größer sind, da die Schweißgeschwindigkeit niedriger und damit die Einwirkzeit der Spitzentemperaturen höher ist. Für eine Abschätzung wird hier die Länge der Wärmeeinflusszone mit dem 7,5-fachen der Blechdicke angenommen, so dass $\alpha_\mathrm{L} = 15$ gilt.

Mit $t = 2\,a/\sqrt{2}$ und der Festigkeitsauslegung aus Abschnitt 2.4.2 ergibt sich die ausdimensionierte Gewichtsgleichung für eine Überlappungsschweißverbindung.

$$G_{\mathrm{Sch.\ddot{U}_{min}}} = \frac{F\,g\,l\,j_{\mathrm{ges_{Sch}}}}{\sqrt{2}}\,\frac{\rho}{R_m} + \frac{8\,F^2\,g\,j^2_{\mathrm{ges_{Sch}}}}{b}\,\frac{\rho}{R_m^2} \tag{3.30}$$

Eine Separation des Materialindex MI ist möglich, so dass in Anlehnung an Ashby [4] ein R_m-ρ-Diagramm zur Auswahl eines geeigneten Materials generiert wird. Wie bereits für die Referenzstruktur erläutert, wird eine doppellogarithmische Darstellung gewählt. In Abbildung 3.16 sind exemplarisch die beiden Materialindices MI $= (R_m/\rho) = 40$ und MI $= \left(R_m^2/\rho\right) = 40$ des Gewichtsfunktionals für geschweißte Überlappungsverbindungen aus Gleichung (3.30) eingezeichnet. Beide Bedingungen müssen erfüllt sein, wobei für alle Werte der Dichte der Materialindex MI $= (R_m/\rho)$ begrenzent ist. Der Suchbereich für die geeignesten Materialien beginnt auf der markierten Geraden und führt senkrecht dazu zu leichteren Strukturen. Zur weiteren Einschränkung kann zusätzlich ein Kriterium für einen Minimalwert der Bruchfestigkeit angegeben werden (hier: $R_m = 30\,\mathrm{MPa}$).

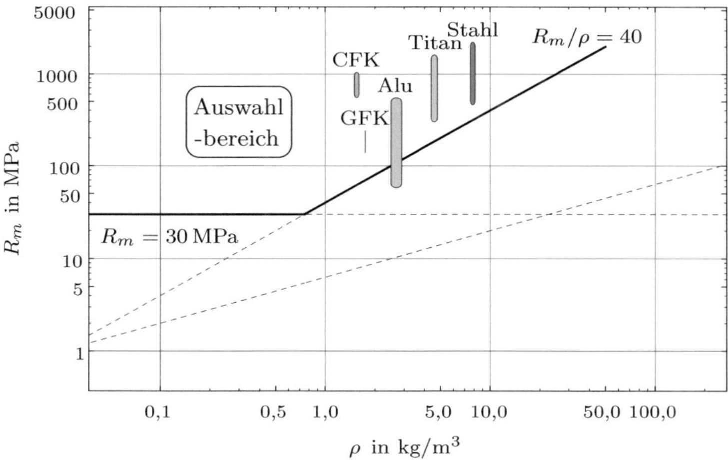

Abbildung 3.16: Materialauswahl basierend auf MI $= (R_m/\rho)$ und MI $= \left(R_m^2/\rho\right)$

Als Funktion des Strukturkennwerts stellt sich das Gewichtsfunktional für die geschweißte Überlappungsverbindung wie folgt dar:

$$\frac{G_{\text{Sch.Ü}_{\text{min}}}}{g\,b\,l^2} = \frac{8\,\rho\,j^2_{\text{ges}_{\text{Sch}}}}{R^2_m}\,K^2 + \frac{\sqrt{2}}{2}\,\frac{\rho\,j_{\text{ges}_{\text{Sch}}}}{R_m}\,K \tag{3.31}$$

In Abbildung 3.17 ist Gleichung (3.31) mit dem Gesamt-Sicherheitsfaktor für Schweißverbindungen aus Gleichung (2.18) für verschiedene Werkstoffe dargestellt.

Anmerkung: Für eine einschnittige geschweißte Laschenverbindung ist ebenfalls Gleichung (3.31) gültig, da die gleichen Annahmen zu Grunde liegen und entsprechend die Vorgehensweise zur Festlegung der Überlappungslänge auf die Länge der Lasche übertragen werden kann.

3.4.3 Vergleich der geschweißten Verbindungen

Die Gewichtsfunktionale für den geschweißten Stumpfstoß und die geschweißte Überlappungsverbindung sind in Abbildung 3.18 für große und kleine Strukturkennwerte dargestellt. Eine geschweißte Stumpfstoßverbindung ist fast über den gesamten Wertebereich des Strukturkennwerts gewichtlich günstiger als eine Überlappung- bzw. Laschenverbindung. Aus Abbildung 3.18 geht allerdings hervor, dass für niedrige Werte des Strukturkennwerts die Überlappungsverbindung leichter ist als die Stumpfstoßverbindung.

Die Überlappungsverbindung wird durch zwei Kehlnähte realisiert, welche den wirksamen Querschnitt verdoppeln und eine geringere Bauteildicke ermöglichen. Bei kleinen Strukturkennwerten ist die Dicke der Fügeteile gering, so dass das Gewicht der Überlappungslänge nicht zum Tragen kommt. Es sind jedoch keinerlei fertigungstechnische Randbedingungen berücksichtigt, die eventuell eine Mindestblechdicke voraussetzen.

3.5 Diskussion und Fazit

Es wurde gezeigt, dass ein gewichtlicher Vergleich auf der Grundlage des Strukturkennwerts prinzipiell möglich ist. Allerdings bietet sich dieser Ansatz nicht als globale Bewertungsgrundlage für unterschiedliche Fügeverfahren an, da zur Entkopplung der analytischen Gleichungen von der äußeren Geometrie kein einheitlich definierter Strukturkennwert angesetzt werden kann. Für die Niet- und Schweißverbindungen wurde vom klassischen Strukturkennwert nach WIEDEMANN [112] Gebrauch gemacht, der bei diesen Strukturen zumindest den Effekt aufweist, die Betrachtung von den Geometrieparametern unabhängig zu machen, wohingegen für die Klebeverbindungen ein angepasster Strukturkennwert $\tilde{K}$ zur Entkopplung der Geometrie eingeführt wurde. Kontinuumsmechanisch beschriebene Strukturen sind mechanisch ähnlich belastet, wenn die Kräfte mit dem Quadrat der Längenabmessungen variieren ($\pi = (F/(b\,l))/R_m = \text{const.}$). Dies ist für den angepassten Strukturkennwert nicht gegeben. Lediglich auf der Ebene der einzelnen Fügeverfahren können mit dem Strukturkennwert Parameteruntersuchungen durchgeführt werden. Deshalb stellt sich die Frage nach einer generell anwendbaren und objektiven Bewertungsgrundlage, was durch die nun im folgenden Kapitel dargestellten dimensionslosen Betrachtungsweise erreicht werden kann.

Die Gewichtsfunktionale der Niet- und Schweißverfahren haben die gleichen zugrundeliegenden Parameter, so dass diese vergleichend in einem Diagramm dargestellt werden können. Exemplarisch enthält Abbildung 3.19 Gewichtsfunktionale des geschweißten Stumpfstoßes, der geschweißten Überlappungsverbindung, der genieteten Überlappungsverbindung (einschnittig, dreireihig) und der genieteten Laschenverbindung (einschnittig, dreireihig). Für große Strukturkennwerte ist nach der Referenzstruktur das geringste Gewicht mit dem geschweißten Stumpfstoß, gefolgt von der geschweißten Überlappung, zu erreichen. Die genietete Laschenverbindung verursacht das höchste Zusatzgewicht. Im Bereich kleiner Strukturkennwerte zeigt sich ein anderes Bild. Die geschweißte Überlappungsverbindung ist gewichtlich die günstigste Fügetechnik, da die zwei Schweißnähte den wirksamen Querschnitt verdoppeln und dieser Effekt das Gewicht der Überlappung für geringe Dicken aufwiegt. Aufgrund des höheren Sicherheitsfaktors weisen die genieteten Verbindungen ein höheres Gewicht als die geschweißten Verbindungen auf.

An dieser Stelle sei darauf hingewiesen, dass der Einsatz eines speziellen Fügeverfahrens bzw. einer Verbindungsform im realen Konstruktionsprozess zur Herstellung von Flugzeugstrukturen nicht nur vom gewichtlichen Aspekt abhängt, sondern u. a. auch von Eigenschaften bezüglich Aerodynamik, Integrierbarkeit, konstruktivem Aufwand, Fertigungskosten, Reparatur. Diese Randbedingungen werden in dieser Arbeit nicht betrachtet, da die Themenstellung im Bereich der Massenprognose im Flugzeugvorentwurf platziert ist und sich zunächst auf eine Bewertung des gewichtlichen Mehraufwands von Strukturverbindungen konzentriert.

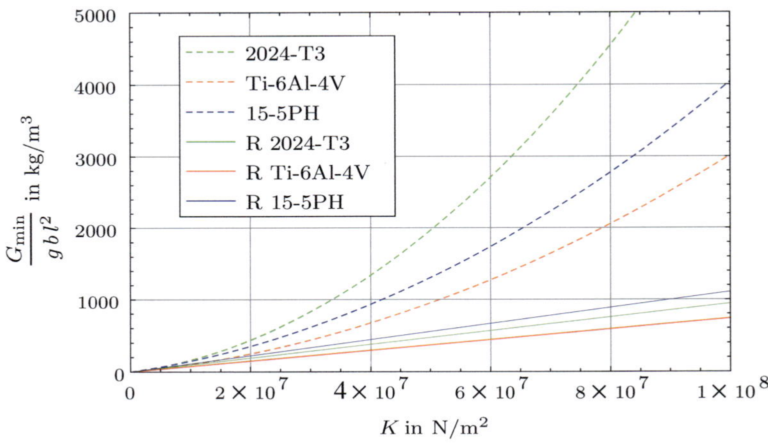

(a) Große Strukturkennwerte

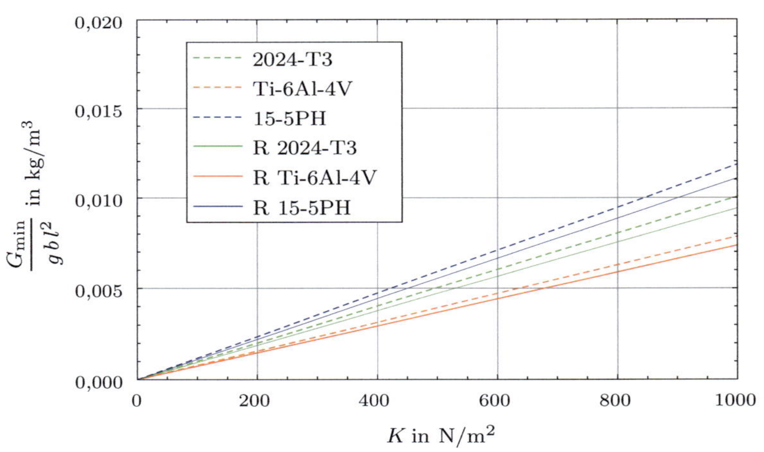

(b) Kleine Strukturkennwerte

Abbildung 3.17: Gewichtsfunktionale der geschweißten einschnittigen Überlappungsverbindung und der ungestörten Referenzstruktur für unterschiedliche Werkstoffe

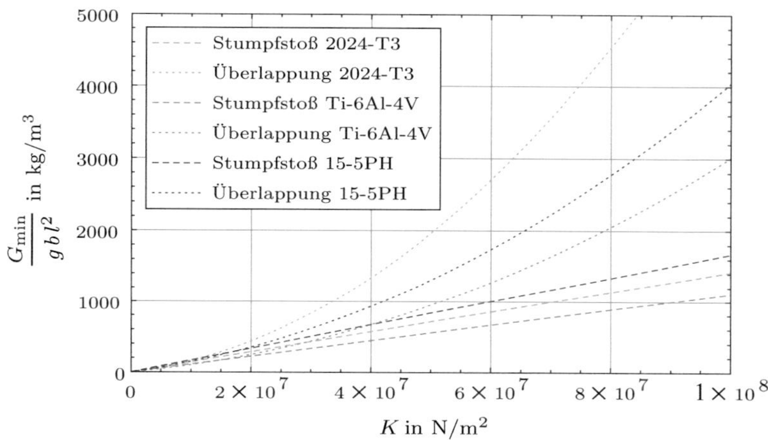

(a) Große Strukturkennwerte

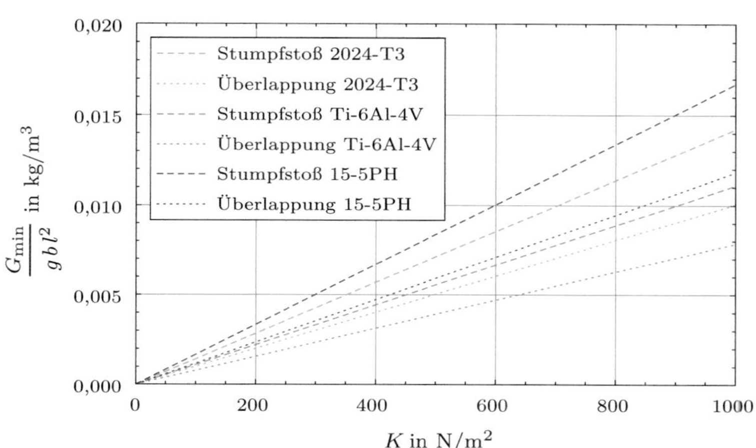

(b) Kleine Strukturkennwerte

Abbildung 3.18: Gewichtsfunktionale des geschweißten Stumpfstoßes und der geschweißten einschnittigen Überlappung für unterschiedliche Werkstoffe

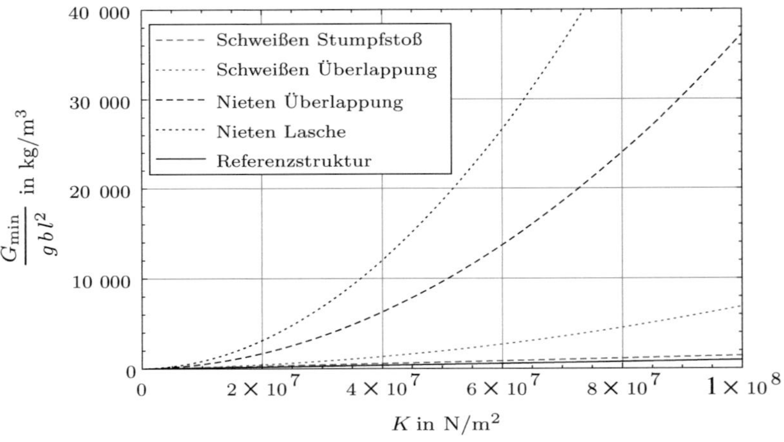

(a) Große Strukturkennwerte

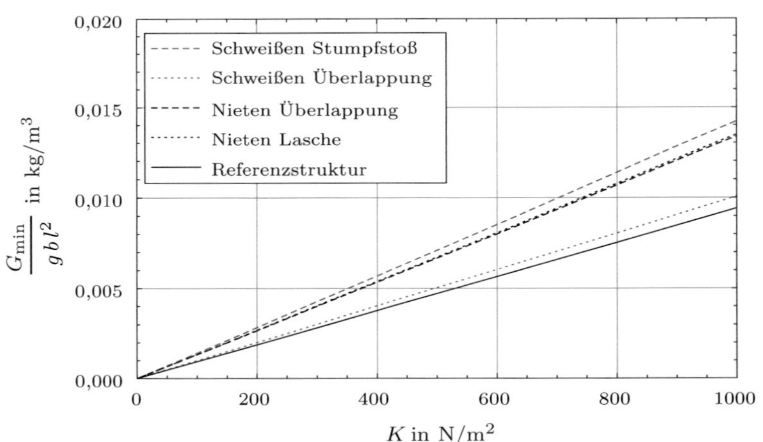

(b) Kleine Strukturkennwerte

Abbildung 3.19: Gewichtsfunktionale für geschweißte (Stumpfstoß, einschnittige Überlappung) und genietete Aluminium-Verbindungen (einschnittig, dreireihig) sowie für die ungestörte Referenzstruktur

4 Qualitative dimensionslose Betrachtung

Im Gegensatz zu der in Kapitel 3 verwendeten Darstellungsform mittels des klassischen dimensionsbehafteten Strukturkennwerts können auf Basis der Kombination dimensionsloser Kennzahlen alle drei untersuchten Fügeverfahren gewichtlich verglichen und bewertet werden. Die mittels des Pi-Theorems nach BUCKINGHAM [14] entwickelten dimensionslosen Größen bilden die Grundlage einer systematischen Bewertungsmethodik [90].

4.1 Methode der Dimensionsanalyse

Die Beschreibung physikalischer Zusammenhänge (d. h. der Abhängigkeit physikalischer Größen voneinander) erfolgt mit Größenwerten. Jeder Größenwert kann als das Produkt von Zahlenwert $\{x_i\}$ und Einheit $[x_i]$ dargestellt werden, in der Form [59]

$$x_i = \{x_i\} \cdot [x_i] \; . \tag{4.1}$$

In Tabelle 4.1 werden die Basisgrößen, -einheiten und -dimensionen des internationalen SI-Einheitensystems benannt [65, 75].

Basisgröße	Name der Basiseinheit	Zeichen der Basiseinheit	Zeichen der Dimension
Länge	Meter	m	L
Masse	Kilogramm	kg	M
Zeit	Sekunde	s	T
Stromstärke	Ampere	A	I
Temperatur	Kelvin	K	Θ
Stoffmenge	Mol	mol	N
Lichtstärke	Candela	cd	J

Tabelle 4.1: Internationales SI-Einheitensystem [65, 75]

Aus den Basisgrößen lassen sich alle anderen Größen durch physikalische Gleichungen ableiten. Ihre Dimensionen werden als Potenzprodukt der Dimensionen der Basisgrößen anhand dieser Definitionsgleichungen dargestellt. Hat eine physikalische Größe x_i im Basisgrößensystem die Dimension eins, wird diese Größe als dimensionslose Größe beschrieben.

Es gilt

$$\dim(x_i) = \mathrm{L}^{\alpha}\,\mathrm{M}^{\beta}\,\mathrm{T}^{\gamma}\,\mathrm{I}^{\delta}\,\Theta^{\epsilon}\,\mathrm{N}^{\zeta}\,\mathrm{J}^{\eta}\,, \tag{4.2}$$

wobei die auftretenden Dimensionsexponenten $\alpha, \beta, \gamma, \delta, \epsilon, \zeta$ und η reelle Konstanten sind.

Nach Görtler [30] heißt eine Gleichung dimensionshomogen, wenn alle ihre additiven Terme dieselbe physikalische Dimension besitzen. Jede vollständige Modellvorstellung $f(x_1, \ldots, x_n) = 0$ erfüllt die Eigenschaft der Dimensionshomogenität und damit auch die sogenannte Dimensionsprobe. Die Forderung der Dimensionshomogenität ist für die Naturwissenschaften so grundlegend, dass allgemein anerkannt ist, dass nicht dimensionshomogene Modellvorstellungen prinzipiell nicht richtig sein können [30].

Für vollständige dimensionshomogene Funktionen $f(x_1, \ldots, x_n) = 0$ von n dimensionsbehafteten Variablen gilt das Pi-Theorem. Die moderne Formulierung des Pi-Theorems von Buckingham lautet nach Rudolph [91]: *Aus der Existenz einer beliebigen vollständigen dimensionshomogenen Beziehung f von n dimensionsbehafteten Größen $x_i \in \mathbb{R}^+$ folgt die Existenz einer dimensionslosen Beziehung F mit*

$$f(x_1, \ldots, x_n) = 0 \tag{4.3}$$

$$F(\pi_1, \ldots, \pi_m) = 0 \tag{4.4}$$

wobei $m = (n - r)$ gilt. Dabei stellt r den Rang der durch die n physikalischen Größen gebildete Dimensionsmatrix dar.

Die Transformation der dimensionsbehafteten Größen $(x_1, \ldots, x_n)$ in den dimensionslosen Raum $(\pi_1, \ldots, \pi_m)$ ist in nachfolgender Gleichung (4.5) definiert. Die dimensionslosen Größen π_j heißen Kennzahlen oder Potenzprodukte. Die Berechnung der Transformationsvorschrift ist in Abbildung 4.1 illustriert.

$$\pi_j = x_{r+j} \prod_{i=1}^{r} x_i^{-\alpha_{ji}} \tag{4.5}$$

Die Dimensionsmatrix $E = (\gamma_{ji})$ besteht aus n Zeilen für die n physikalischen Variablen und bis zu $k \leq 7$ Spalten für die zugehörigen Dimensionen $D_1, \ldots, D_k$. Zur Bestimmung der dimensionslosen Potenzprodukte wird die Dimensionsmatrix durch rangerhaltende Spaltenoperationen in eine obere Diagonalform überführt und gegebenenfalls Nullspalten gestrichen, was dem Lösen eines linearen Gleichungssystems nach dem Gaußschen Algorithmus [53] entspricht. Homogene lineare Gleichungssysteme sind immer lösbar, dabei ergibt sich je nach Rangabfall des Gleichungssystems ein m-facher Lösungsraum [13]. Die Koeffizienten α_{ji} bilden eine spezielle Lösung dieses Lösungsraums.

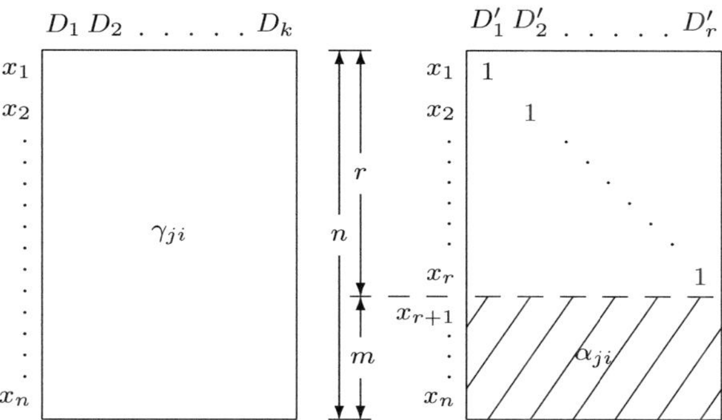

Abbildung 4.1: Dimensionsmatrix mit Berechnungsschema der dimensionslosen Potenzprodukte [91]

Die dimensionslosen Kennzahlen bilden eine freie abelsche Gruppe, so dass das Verfahren der Dimensionsmatrix je nach Wahl der Reihenfolge der Zeilen unterschiedliche dimensionslose Potenzprodukte liefert. Mittels des Zusammenhangs der Strukturmatrix $B = (\beta_{ji})$ nach PAWLOWSKI [73] folgt ein alternatives Set dimensionsloser Kennzahlen aus der Beziehung

$$\pi'_j = \prod_{i=1}^{m} \pi_i^{\beta_{ji}} \tag{4.6}$$

unter der Bedingung, dass die durch die Elemente β_{ji} beschriebende Matrix B vollen Rang hat und daher auch invertiert werden kann. Im mathematischen Sinne sind diese verschiedenen Sets dimensionsloser Kennzahlen damit einander gleichwertig, wobei dieser Aspekt später noch im Hinblick auf die Auswahl eines Sets physikalisch aussagekräftiger Kennzahlen eine wichtige Wahlfreiheit für die Transformationsmöglichkeit darstellt.

Jeder Entwurfsprozess erfordert eine Überprüfung beziehungsweise eine Bewertung hinsichtlich bestimmter Kriterien. Im Falle der Gewichtsabschätzung für strukturelle Verbindungen soll bei gegebener Belastung der Struktur die Realisierbarkeit zur Bestimmung der gewichtsminimalsten Verbindungslösung gewährleistet werden. Die Bewertungshypothese von RUDOLPH [90] besagt, das wenn für ein Objekt eine Beschreibungsfunktion $x_n = f(x_1, \ldots, x_{n-1})$ vorliegt, die Verhaltensweisen festliegen, die im Hinblick auf das bestimmte Kriterium x_n, durch Transformation der Beschreibungsfunktion in die dimensionslose Ähnlichkeitsfunktion $\pi_m = F(\pi_1, \ldots, \pi_{m-1})$, objektiv beweisbar bewertet werden können.

Im Ingenieurwesen sind viele Kennzahlen bekannt (u. a. Reynoldszahl, Machzahl). Für die Güte eines Tragflügels ist die Größe des Auftriebs

F_{A} im Verhältnis zum Widerstand F_{W} entscheidend. Im sogenannten Polardiagramm nach LILIENTHAL [49] wird der dimensionslose Auftriebsbeiwert $c_{\mathrm{A}} = F_{\mathrm{A}} / (q_\infty A)$ über dem dimensionslosen Widerstandsbeiwert $c_{\mathrm{W}} = F_{\mathrm{W}} / (q_\infty A)$ aufgetragen [106].

In dieser Arbeit wird die Dimensionsanalyse aufbauend auf den entwickelten analytischen Gleichungen aus Kapitel 3 mittels des CAS Maple „Pi-Theorem for Finding Dimensionless Groups for a Physical System" von PARTIN [71] durchgeführt. Eingabegrößen dieses Programms sind die physikalischen Parameter aus den analytischen Gleichungen mit der jeweiligen Dimensionsinformation. Das Programm besitzt eine Anzahl vordefinierter Einheiten, die gegebenenfalls kombiniert werden können. Die Parameter werden in einer festgelegten Reihenfolge als Relevanzliste in das Programm eingegeben. Anschließend wird die Dimensionsmatrix erstellt und die Diagonalmatrix mit den Koeffizienten, mittels dieser die dimensionslosen Kennzahlen als Endergebnis herausgeschrieben werden, berechnet (siehe Anhang A.3).

4.2 Kennzahlen für Strukturverbindungen

Über den Zusammenhang der Strukturmatrix (siehe Gleichung (4.6)) kann ein Fundamentalsystem $\Pi_m = \{\pi_1, \ldots, \pi_m\}$ in ein anderes Fundamentalsystem $\Pi'_m = \{\pi'_1, \ldots, \pi'_m\}$ überführt werden [73]. Im mathematischen Sinne sind deshalb die Fundamentalsysteme Π_m und Π'_m gleichwertig. Aufgrund der Vielzahl gleichwertiger Sets von dimensionslosen Kennzahlen ist eine Aussage, welche π-Sets sich zur Beschreibung der Strukturverbindungen am besten eignen, schwierig. Die intensive Auseinandersetzung mit den möglichen Sets führt zur Definition der aussagekräftigen Kennzahl eines Wirkungsgrads. Die Effektivität einer Verbindung wird gemessen am Verhältnis von übertragener Kraft zu Gewicht. Allerdings muss beachtet werden, dass bei einer Reduktion der Anzahl der verwendeten dimensionslosen Kennzahlen π, mathematisch betrachtet, eine Projektion durchgeführt wird[18]. Durch die Verringerung der Anzahl der Potenzprodukte durch Projektion überlagern sich Effekte aus verschiedenen Dimensionen, was bei der Interpretation der Ergebnisse beachtet werden muss.

Der *gewichtliche Wirkungsgrad* π_{Gew} definiert sich wie folgt:

$$\pi_{\mathrm{Gew}} = \frac{F}{G} \frac{l}{L_{\mathrm{R}}} \tag{4.7}$$

mit der Reißlänge $L_{\mathrm{R}} = R_m / (g \, \rho)$.

[18] $x_n \to \pi_{n-r} \to$ Selektion $\to F(\pi_i, \pi_j)$ (Projektion, da nur noch zwei πs von vielen)

Das Gewicht der Verbindung wird optimal (minimal), wenn der gewichtliche Wirkungsgrad maximal wird. Um die Aussage des Wirkungsgrads zu unterstützen, der sein Maximum bei eins hat, wird der Wirkungsgrad der Verbindung auf den Wirkungsgrad der Referenzstruktur bezogen ($\eta_{\mathrm{Gew}} = \pi_{\mathrm{Gew}_{\mathrm{Ver}}} / \pi_{\mathrm{Gew}_{\mathrm{R}}}$). Dies zeigt qualitativ Abbildung 4.2 (a) (Variante I der Darstellung in Diagrammen).

In Kapitel 1 wird auf die Einteilung in optimale und nicht-optimale Gewichtsanteile einer Struktur hingewiesen. Mit dem dimensionslosen Kennwert $\pi_{\mathrm{A}} = 1/\pi_{\mathrm{Gew}} = (G\,L_{\mathrm{R}})\,/\,(F\,l)$ wird durch Gleichung (4.8) dieser Trennung Rechnung getragen, was in Abbildung 4.2 (b) beispielhaft dargestellt ist (Variante II der Darstellung in Diagrammen).

$$\pi_{\Delta_{\mathrm{Gew}}} = \pi_{\mathrm{A}_{\mathrm{Ver}}} - \pi_{\mathrm{A}_{\mathrm{R}}} \tag{4.8}$$

Für die verschiedenen Fügeverfahren lässt sich damit jeweils eine *Optimalfunktion* bilden, die über die abschnittsweise definierte Funktion des jeweiligen Wertebereichs das minimale nicht-optimale Zusatzgewicht repräsentiert und eine der Grundvoraussetzungen für rechnergestütztes Konstruieren darstellt. Diese Methodik zur Auswahl eines optimalen Fügeverfahrens ist in Abbildung 4.3 illustriert. Beispielhaft sind drei dimensionslose Funktionen (F_1, F_2, F_3) eingezeichnet, die sich in den sogenannten Wechselpunkten schneiden. Durch die Festlegung der Randbedingungen kann über einen diskreten Wert π_{B_1} das optimale Fügeverfahren für die Struktur ermittelt werden.

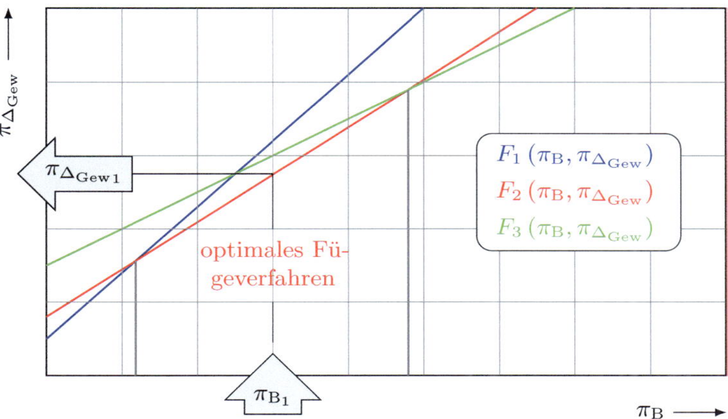

Abbildung 4.3: Methodik zur Auswahl eines optimalen (gewichtsminimalen) Fügeverfahrens mittels der Optimalfunktion

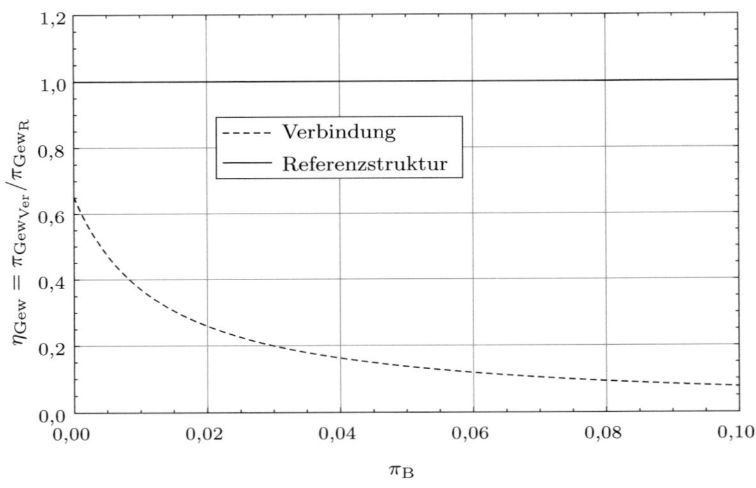

(a) Gewichtlicher Wirkungsgrad (Variante I)

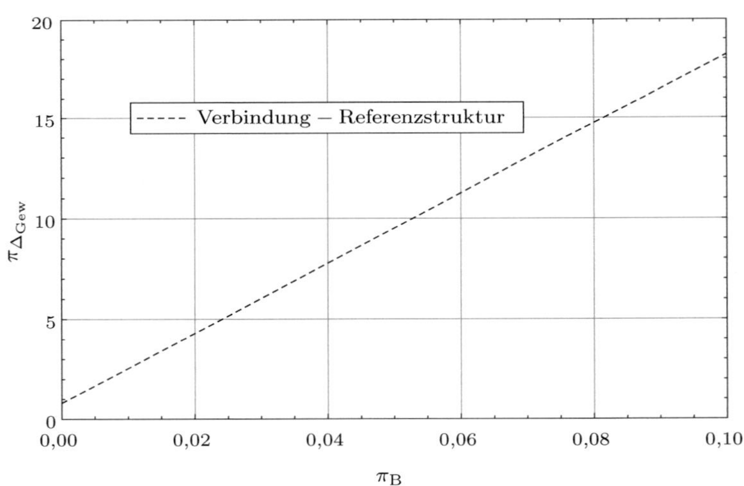

(b) Dimensionsloses Zusatzgewicht (Variante II)

Abbildung 4.2: Darstellungsformen (Variante I, Variante II) der dimensionslosen Gewichtsfunktionale

Um die Vielfalt an Möglichkeiten des Pi-Theorems zu verdeutlichen, wird ein weiteres Beispiel für die dimensionslose Untersuchung der Strukturverbindungen herangezogen. Dazu wird die Ausgangsgleichung des Gewichts (3.2) durch Streichen des Parameters Erdbeschleunigung g zu einer Massengleichung reduziert ($m = \sum_{i=0}^{i=\infty} \rho_i \, V_i$). Aus $n-1$ dimensionsbehafteten Größen folgt auch die nun um eins verringerte Anzahl $m-1$ der dimensionslosen Potenzprodukte. Die Ergebnisse der unterschiedlichen Ansätze werden abschließend in Abschnitt 4.7 diskutiert.

4.3 Referenzstruktur

Bei der dimensionslosen Betrachtung dient die Gewichtsgleichung der ungestörten Struktur als Referenz. Aus der physikalischen Dimensionsinformation der Relevanzliste ($R_m, \rho, g, G_{\mathrm{R_{min}}}, F, l, j_{\mathrm{ges_R}}$) der Gleichung (3.5) wird die Dimensionsmatrix aufgestellt (siehe Tabelle 4.2 links).

Variable	L	M	T		D'1	D'2	D'3
R_m	-1	1	-2		1	0	0
ρ	-3	1	0		0	1	0
g	1	0	-2	$\Rightarrow$	0	0	1
$G_{\mathrm{R_{min}}}$	1	1	-2		3	-2	-2
F	1	1	-2		3	-2	-2
l	1	0	0		1	-1	-1
$j_{\mathrm{ges_R}}$	0	0	0		0	0	0

Tabelle 4.2: Dimensionsmatrix und Normalform der Referenzstruktur

Der Rang der Dimensionsmatrix ist $r = 3$, damit können für $n = 7$ Größen $m = n - r = 4$ dimensionslose Potenzprodukte durch die Überführung in die Normalform (siehe Tabelle 4.2 rechts) gebildet werden. Somit lauten die dimensionslosen Kennzahlen für die Referenzstruktur:

$$\begin{aligned} \pi_1 &= \frac{G_{\mathrm{R_{min}}} \, \rho^2 \, g^2}{R_m^3} & \pi_2 &= \frac{F \, \rho^2 \, g^2}{R_m^3} \\ \pi_3 &= \frac{l \, \rho \, g}{R_m} & \pi_4 &= j_{\mathrm{ges_R}} \end{aligned} \tag{4.9}$$

Durch Einsetzen der dimensionslosen Kennzahlen aus Gleichung (4.9) in die minimale Gewichtsgleichung (3.5) der Referenzstruktur ergibt sich die dimensionslose Gewichtsgleichung (4.10).

$$\pi_4 = \frac{\pi_1}{\pi_2 \, \pi_3} = \frac{G \, L_{\mathrm{R}}}{F \, l} \tag{4.10}$$

Mit der Definition des Kennwerts π_A bzw. π_{Gew} aus Abschnitt 4.2 folgt als dimensionsloses Gewichtsfunktional für die Referenzstruktur Gleichung (4.11). Dieser Zusammenhang liefert eine allgemeingültige, materialunabhängige Aussage für die ungestörte Referenzstruktur, die für die Strukturverbindungen als Bezugs- oder Subtraktionsgröße zum Vergleich des zusätzlichen Gewichts aufgrund der Fügungen herangezogen wird.

$$\pi_A = \pi_4 = j_{ges_R} \qquad \pi_{Gew} = \frac{1}{\pi_4} = \frac{1}{j_{ges_R}} \tag{4.11}$$

Wie bereits in Abschnitt 4.2 beschrieben wurde, kann eine Betrachtung auf Basis der Massengleichung zur weiteren Erstellung einer dimensionslosen Funktion der Referenzstruktur dienen. Aus der reduzierten Relevanzliste $(l, R_m, \rho, m_{R_{min}}, F, j_{ges_R})$ kann die Dimensionsmatrix aufgestellt werden (siehe Tabelle 4.3 links).

Variable	L	M	T
l	1	0	0
R_m	-1	1	-2
ρ	-3	1	0
$m_{R_{min}}$	0	1	0
F	1	1	-2
j_{ges_R}	0	0	0

⇒

D'1	D'2	D'3
1	0	0
0	1	0
0	0	1
3	0	1
2	1	0
0	0	0

Tabelle 4.3: Dimensionsmatrix und Normalform der Referenzstruktur basierend auf der analytischen Massengleichung

Mit Dimension $n = 6$ und Rang $r = 3$ folgen $m = n - r = 3$ dimensionslose Potenzprodukte. Durch ihre Verwendung ensteht eine dimensionslose Bewertungsfunktion $F(\pi_1, \pi_2, \pi_3) = 0$ (siehe Gleichung (4.13)) unter Umformung von Gleichung (3.5) dividiert durch die Erdbeschleunigung g.

$$\pi_1 = \frac{m_{R_{min}}}{l^3\,\rho} \qquad \pi_2 = \frac{F}{l^2\,R_m} \qquad \pi_3 = j_{ges_R} \tag{4.12}$$

$$\pi_1 = \pi_2\,\pi_3 \tag{4.13}$$

4.4 Genietete Strukturverbindungen

Betrachtet man die analytischen Gewichtsfunktionale für die Überlappungsverbindungen (3.10) und die Laschenverbindungen (3.14), so bestehen diese aus identischen Parametern und unterscheiden sich lediglich durch verschiedene Zahlenwerte der Koeffizienten, weshalb die Vorgehensweise bei der Dimensionsanalyse für alle Bauformen gleich ist. Exemplarisch wird anhand des analytischen Gewichtsfunktionals der Überlappungsverbindung $f(x_1, \ldots, x_{15}) = 0$ die Herleitung der dimensionslosen Ähnlichkeitsfunktion $F(\pi_1, \ldots, \pi_{12}) = 0$ gezeigt.

Die Relevanzliste (R_m, ρ, g, $G_{\mathrm{N_{min}}}$, F, l, b, R_{m_N}, ρ_N, $j_{\mathrm{ges_N}}$, C_L, β, n, m, C_R) ergibt sich aus der physikalischen Dimensionsinformation der Gleichung (3.10) in der redundanzfreien Minimalform[19] mit der Annahme gleichen Materials für die Bleche. Daraus folgt die Dimensionsmatrix in Tabelle 4.4 links. Durch rangerhaltende Spaltenoperationen wird die obere Diagonalform in Tabelle 4.4 rechts erreicht.

Variable	L	M	T		D'$_1$	D'$_2$	D'$_3$
R_m	-1	1	-2		1	0	0
ρ	-3	1	0		0	1	0
g	1	0	-2		0	0	1
$G_{\mathrm{N_{min}}}$	1	1	-2		3	-2	-2
F	1	1	-2		3	-2	-2
l	1	0	0		1	-1	-1
b	1	0	0		1	-1	-1
R_{m_N}	-1	1	-2	$\Rightarrow$	1	0	0
ρ_N	-3	1	0		0	1	0
$j_{\mathrm{ges_N}}$	0	0	0		0	0	0
C_L	0	0	0		0	0	0
β	0	0	0		0	0	0
n	0	0	0		0	0	0
m	0	0	0		0	0	0
C_R	0	0	0		0	0	0

Tabelle 4.4: Dimensionsmatrix und Normalform für genietete Strukturverbindungen

Der Rang der Dimensionsmatrix ist $r = 3$, damit können für $n = 15$ dimensionsbehaftete Größen durch die Überführung der Dimensionsmatrix in die Normalform (siehe Tabelle 4.4 rechts) $m = n - r = 12$ dimensionslose Potenzprodukte gebildet werden.

$$\begin{aligned} &\pi_1 = \frac{G_{\mathrm{N_{min}}}\,\rho^2\,g^2}{R_m^3} && \pi_2 = \frac{F\,\rho^2\,g^2}{R_m^3} && \pi_3 = \frac{l\,\rho\,g}{R_m} && \pi_4 = \frac{b\,\rho\,g}{R_m} \\ &\pi_5 = \frac{R_{m_\mathrm{N}}}{R_m} && \pi_6 = \frac{\rho_\mathrm{N}}{\rho} && \pi_7 = j_{\mathrm{ges_N}} && \pi_8 = C_\mathrm{L} \\ &\pi_9 = \beta && \pi_{10} = n && \pi_{11} = m && \pi_{12} = C_\mathrm{R} \end{aligned} \tag{4.14}$$

[19] Eine redundanzfreie Repräsentation ist minimal, wenn die Anzahl der unabhängigen Parameter nicht weiter reduziert werden kann [90]. Zitat nach RUDOLPH [90]: »‚*Jede im Sinne des Pi-Theorems minimale Beschreibung ist eine Bewertung.*‘ Die durch das Pi-Theorem zu jeder existierenden Beschreibung $f(x_1, \ldots, x_n) = 0$ garantierte Darstellung der Form $F(\pi_1, \ldots, \pi_m) = 0$ ist in dem verlangten Sinne minimal und stellt damit eine Bewertung dar. «

Durch Verwendung dieser dimensionslosen Transformationsgruppen folgt nach dem Pi-Theorem die Ähnlichkeitsfunktion $F(\pi_1, \ldots, \pi_{12}) = 0$ in Gleichung (4.15) für genietete Überlappungsverbindungen.

$$\pi_1 = \frac{\pi_2\,\pi_7\,(1+\pi_{10}\,\pi_8)}{\pi\,\pi_{10}^2\,\pi_{11}\,\pi_4\,\pi_5^2\,\pi_8}\Big(\pi\,\pi_{10}\,\pi_5\,\big(\pi_{11}\,\pi_3\,\pi_4\,\pi_5 + 2\sqrt{3}\,\pi_2\,(\pi_6-1)\,\pi_7\big) + 4\,\pi_2\,\pi_7\,\big(\sqrt{3}\,\pi_5\,(1+\pi_{10}\,\pi_8)\,\big(-1+\pi_{10}+2\,\pi_{12}-\pi_8\,\pi_{10}+\pi_{10}^2\,\pi_8\big) + 3\,\pi_{10}\,\pi_6\,\pi_8\,\pi_9\big)\Big) \tag{4.15}$$

Die aufgrund einer allgemeinen Vergleichbarkeit der Fügeverfahren definierten Potenzprodukte aus Abschnitt 4.2 werden für die genieteten Verbindungen nachfolgend aufgelistet.

$$\pi_A = \frac{\pi_1}{\pi_2\,\pi_3} \qquad \pi_A = \frac{G\,L_R}{F\,l} \tag{4.16}$$

$$\pi_B = \frac{\pi_2}{\pi_3\,\pi_4} \qquad \pi_B = \frac{F}{R_m\,l\,b} \tag{4.17}$$

$$\pi_{C_N} = \pi_{10} \qquad \pi_{C_N} = n \tag{4.18}$$

Es ergibt sich somit die endgültige dimensionslose Ähnlichkeitsfunktion in Gleichung (4.19) für eine geeignete Darstellung in Diagrammform.

$$\pi_A = \frac{\pi_7\,(1+\pi_8\,\pi_{C_N})}{\pi\,\pi_{11}\,\pi_5^2\,\pi_8\,\pi_{C_N}^2}\Big(\pi\,\pi_{11}\,\pi_5^2\,\pi_{C_N} + 12\,\pi_6\,\pi_7\,\pi_8\,\pi_9\,\pi_B\,\pi_{C_N} + 2\sqrt{3}\,\pi_5\,\pi_7\,\pi_B\,(\pi\,(\pi_6-1)\,\pi_{C_N} + 2\,(1+\pi_8\,\pi_{C_N})\,(2\,\pi_{12}+(\pi_{C_N}-1)\,(1+\pi_8\,\pi_{C_N})))\Big) \tag{4.19}$$

Da mit drei Größen ein parametrisiertes 2-D-Diagramm erstellt werden kann, dienen die Kennzahlen π_A, π_B, π_{C_N} für die folgende Auswertung als Ordinate, Abszisse und Parameter. Alle anderen Kennzahlen sind für den jeweiligen Anwendungsfall Konstanten und werden als Zahlenwert eingesetzt. Nachfolgend werden am Beispiel einer einschnittigen Überlappungsverbindung Diagramme für die Variante I und die Variante II aus Abschnitt 4.2 abgebildet.

In Abbildung 4.4 ist die Darstellung des bezogenen gewichtlichen Wirkungsgrads über dem Parameter π_B (Variante I) gewählt.

Betrachtet man nun das nicht-optimale Gewicht der genieteten Verbindung greift man auf die Darstellungsform nach Variante II zurück und

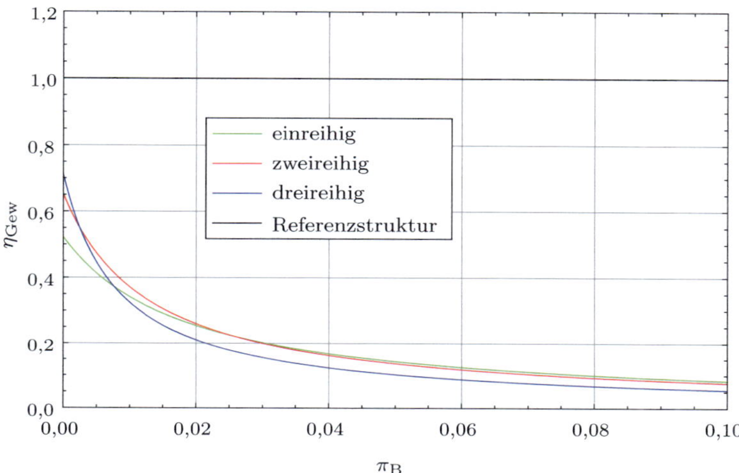

Abbildung 4.4: Dimensionsloses Gewichtsfunktional als gewichtlicher Wirkungsgrad der genieteten einschnittigen Überlappung bei gleichen Werkstoffen für Niete und Blech (Variante I)

erhält für eine unterschiedliche Anzahl von Nietreihen eine Geradenschar gemäß Abbildung 4.5. Da die Geraden jeweils in bestimmten Bereichen ein gewichtliches Optimum darstellen, also das niedrigste Zusatzgewicht aufweisen, bietet sich die Aufstellung einer *Optimalfunktion* an. Diese ist in Abbildung 4.5 zusätzlich in grau eingezeichnet und in Abbildung 4.6 gesondert dargestellt (siehe hierzu auch Abbildung 4.3).

Die Herangehensweise auf Basis der Massengleichung wird nachfolgend ebenfalls exemplarisch für die genietete Überlappungsverbindung beschrieben und in Diagrammform dargestellt.

Aus der Relevanzliste $(l, R_m, \rho, m_{\text{N}_{\text{min}}}, F, b, R_{m_\text{N}}, \rho_\text{N}, j_{\text{ges}_\text{N}}, C_\text{L}, \beta, n, m, C_\text{R})$ der um den Parameter der Erdbeschleunigung g reduzierten Beschreibungsfunktion (3.10) (Annahme: gleiches Material für die Bleche) wird die Dimensionsmatrix in Tabelle 4.5 links erstellt.

Mit Dimension $n = 14$ und Rang $r = 3$ folgen $m = n - r = 11$ dimensionslose Potenzprodukte.

$$\begin{aligned}
&\pi_1 = \frac{m_{\text{N}_{\text{min}}}}{l^3\,\rho} && \pi_2 = \frac{F}{l^2\,R_m} && \pi_3 = \frac{b}{l} && \pi_4 = \frac{R_{m_\text{N}}}{R_m} \\
&\pi_5 = \frac{\rho_\text{N}}{\rho} && \pi_6 = j_{\text{ges}_\text{N}} && \pi_7 = C_\text{L} && \pi_8 = \beta \\
&\pi_9 = n && \pi_{10} = m && \pi_{11} = C_\text{R}
\end{aligned} \tag{4.20}$$

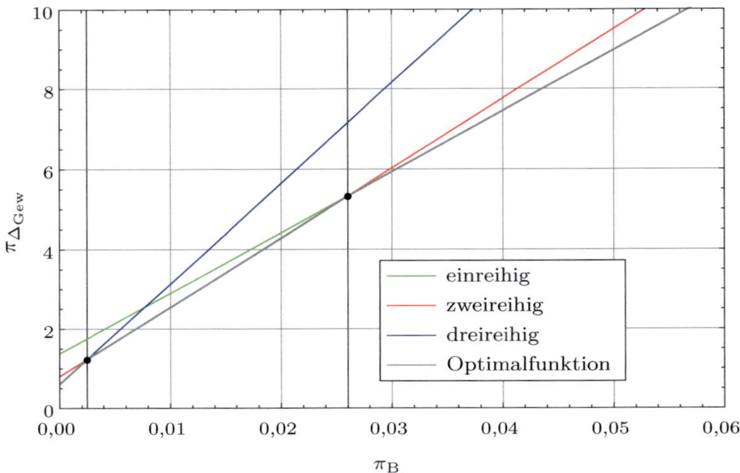

Abbildung 4.5: Dimensionsloses Zusatzgewicht der genieteten einschnittigen Überlappung bei gleichen Werkstoffen für Niete und Blech (Variante II)

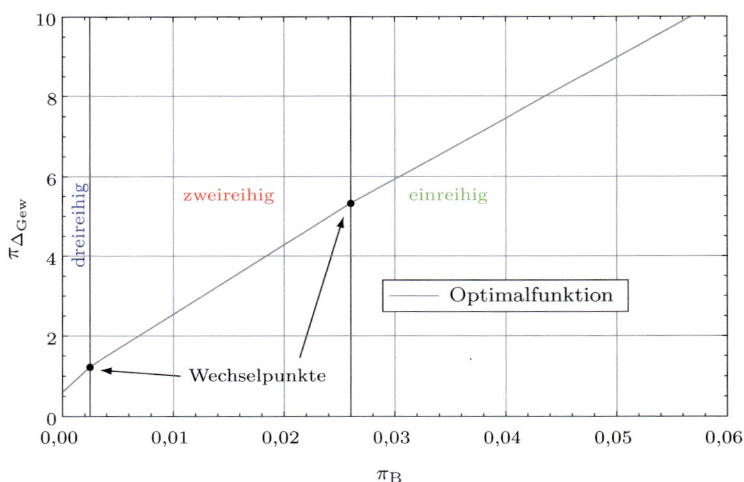

Abbildung 4.6: Optimalfunktion und Optimalbereiche der genieteten einschnittigen Überlappung bei gleichen Werkstoffen für Niete und Blech

Variable	L	M	T		D'1	D'2	D'3
l	1	0	0		1	0	0
R_m	-1	1	-2		0	1	0
ρ	-3	1	0		0	0	1
$m_{\mathrm{N_{min}}}$	0	1	0		3	0	1
F	1	1	-2		2	1	0
b	1	0	0		1	0	0
R_{m_N}	-1	1	-2	$\Rightarrow$	0	1	0
ρ_N	-3	1	0		0	0	1
$j_{\mathrm{ges_N}}$	0	0	0		0	0	0
C_L	0	0	0		0	0	0
β	0	0	0		0	0	0
n	0	0	0		0	0	0
m	0	0	0		0	0	0
C_R	0	0	0		0	0	0

Tabelle 4.5: Dimensionsmatrix und Normalform für genietete Strukturverbindungen auf Basis der Massengleichung

Die dimensionslose Massengleichung für die genietete Überlappungsverbindung lautet somit:

$$\pi_1 = \frac{\pi_2\,\pi_6\,(1+\pi_7\,\pi_9)}{\pi\,\pi_{10}\,\pi_3\pi_5^2\,\pi_7\,\pi_9^2}\Bigg(\pi\,\pi_{10}\,\pi_3\,\pi_5^2\,\pi_9 + 2\,\pi_2\,\pi_6\Bigg(6\,\pi_4\,\pi_7\,\pi_8\,\pi_9 + \sqrt{3}\,\pi_5\,\left(\pi\,(\pi_4-1)\,\pi_9 + 2\,(1+\pi_7\,\pi_9)\right. \cdot \left.(2\,\pi_{11} + (\pi_9-1)\,(1+\pi_7\,\pi_9))\right)\Bigg)\Bigg) \tag{4.21}$$

Die Kennzahlen π_6 bis π_8 und π_{10} bis π_{11} sind Konstanten, die Verhältnisse der Kennzahlen π_4 und π_5 ergeben diskrete Werte bei zugrundegelegten realen Materialkennwerten. Die Anzahl der Nietreihen wird über den Parameter π_9 von eins bis drei variiert. Gleichung (4.21) ist nunmehr abhängig von den drei Potenzprodukten π_1, π_2 und π_3 und wird in einem dreidimensionalen Schaubild dargestellt (siehe Abbildung 4.7). Zusätzlich zu den Flächen der genieteten ein- bis dreireihigen Überlappungsverbindungen sind in grau die Schnittgeraden der Flächen zwei- und dreireihiger Verbindungen sowie der Flächen ein- und zweireihiger Verbindungen eingezeichnet, die die Wechselpunkte der Fügeverfahren für das minimale Verbindungsgewicht markieren. Mit den Beschreibungsfunktionen der Schnittgeraden kann in Abhängigkeit vom Parameter π_3 jeweils die optimalste Verbindung gefunden werden.

Es fällt auf, dass der Parameter $\pi_2 = F/(l^2\,R_m)$ beinahe identisch zu einem dimensionslosen Strukturkennwert $\pi_K = K/R_m$ ist (Verhältnis klassischer Strukturkennwert $K = F/(b\,l)$ zu einem Materialparameter (z. B.

R_m) mit der Einheit N/m^2). Der für die dimensionsbehaftete Vergleichbarkeit der Verbindungen definierte Strukturkennwert hat im Nenner die Multiplikation der Geometrieparameter ($b\,l$), wohingegen die dimensionslose Kennzahl π_2 im Nenner l^2 aufweist. Ähnliches zeigt der gewählte x-Achsen-Parameter, der im Unterschied zum Ansatz mittels des Strukturkennwerts nicht über den Term $b\,l^2$, sondern über den Geometrieparameter l^3 multipliziert mit der Dichte ρ, im Nenner verfügt. Diese Erweiterung des Ansatzes mittels des klassischen Strukturkennwerts auf eine dreidimensionale Beschreibung (dimensionslose Kennzahl $\pi_3 = b/l$) mittels der formalen Vorgehensweise der Dimensionsanalyse bildet das vorliegende Problem zur gewichtlichen Beurteilung von Strukturverbindungen allgemeingültig ab.

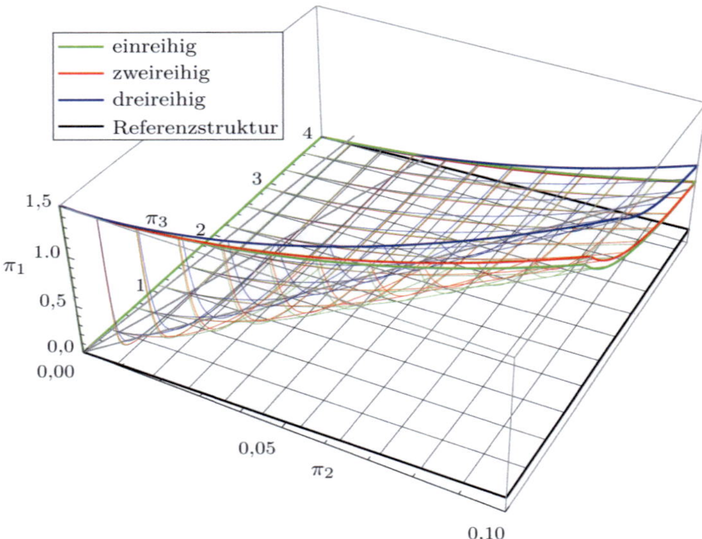

Abbildung 4.7: Dimensionslose Darstellung (3-D) der Massengleichung für genietete Überlappungsverbindungen bei Variation der Anzahl von Nietreihen (grau: Schnittgeraden der Flächen) und für die ungestörte Referenzstruktur

Für konkrete Werte von π_3, die aus einer bestimmten Einbausituation für die Größen b und l resultieren, sind anhand der Abbildung 4.8 die zweidimensionalen Massengleichungen veranschaulicht.

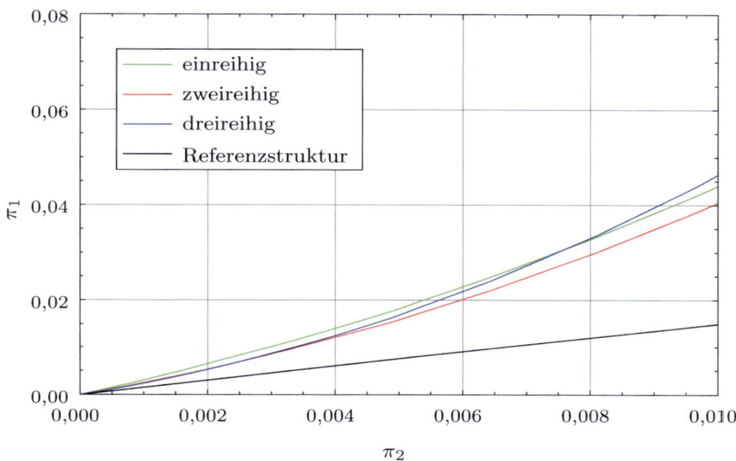

(a) Dimensionslose Massengleichung für $\pi_3 = 1$

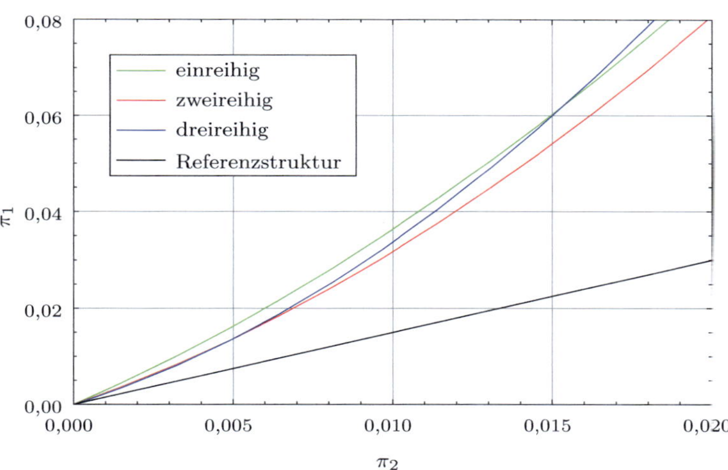

(b) Dimensionslose Massengleichung für $\pi_3 = 2$

Abbildung 4.8: Dimensionslose Massenfunktionale für genietete Überlappungsverbindungen (Material: Aluminium) bei verschiedenen Verhältnissen von π_3 und Variation der Nietreihenanzahl sowie für die ungestörte Referenzstruktur

4.5 Geklebte Strukturverbindungen

Analog zu den genieteten Strukturverbindungen wird auch für die geklebten Verbindungen die Dimensionsanalyse auf Basis der Überlappungsverbindungen durchgeführt.

Aus der Relevanzliste $(R_m, \rho, g, G_{\mathrm{K}_{\mathrm{min}}}, F, l, b, t_{\mathrm{K}}, E, G_{\mathrm{K}}, j_{\mathrm{ges}_{\mathrm{K}}}, m)$ der Beschreibungsfunktion (3.18) wird die Dimensionsmatrix erstellt (Tabelle 4.6 links). Durch rangerhaltende Spaltenumformungen wird die obere Diagonalform in Tabelle 4.6 rechts bestimmt.

Variable	L	M	T		D'$_1$	D'$_2$	D'$_3$
R_m	-1	1	-2		1	0	0
ρ	-3	1	0		0	1	0
g	1	0	-2		0	0	1
$G_{\mathrm{K}_{\mathrm{min}}}$	1	1	-2		3	-2	-2
F	1	1	-2		3	-2	-2
l	1	0	0	$\Rightarrow$	1	-1	-1
b	1	0	0		1	-1	-1
t_{K}	1	0	0		1	-1	-1
E	-1	1	-2		1	0	0
G_{K}	-1	1	-2		1	0	0
$j_{\mathrm{ges}_{\mathrm{K}}}$	0	0	0		0	0	0
m	0	0	0		0	0	0

Tabelle 4.6: Dimensionsmatrix und Normalform für geklebte Strukturverbindungen

Mit $n = 12$ physikalischen Größen und einem Rang von $r = 3$ folgen unmittelbar $m = n - r = 9$ dimensionslose Potenzprodukte.

$$\begin{aligned} \pi_1 &= \frac{G_{\mathrm{K}_{\mathrm{min}}}\,\rho^2\,g^2}{R_m^3} & \pi_2 &= \frac{F\,\rho^2\,g^2}{R_m^3} & \pi_3 &= \frac{l\,\rho\,g}{R_m} \\ \pi_4 &= \frac{b\,\rho\,g}{R_m} & \pi_5 &= \frac{t_{\mathrm{K}}\,\rho\,g}{R_m} & \pi_6 &= \frac{E}{R_m} \\ \pi_7 &= \frac{G_{\mathrm{K}}}{R_m} & \pi_8 &= j_{\mathrm{ges}_{\mathrm{K}}} & \pi_9 &= m \end{aligned} \tag{4.22}$$

Durch Einsetzen dieser dimensionsloser Kennzahlen aus obiger Gleichung (4.22) in die minimale Gewichtsgleichung (3.18) folgt die Ähnlichkeitsfunktion für geklebte Überlappungsverbindungen.

$$\pi_1 = \pi_2\,\pi_3\,\pi_8 + \frac{5}{\sqrt{2}}\,\pi_2\,\pi_8\,\sqrt{\frac{\pi_2\,\pi_5\,\pi_6\pi_8}{\pi_4\,\pi_7\,\pi_9}} \tag{4.23}$$

Die aufgrund einer allgemeinen Vergleichbarkeit der Fügeverfahren definierten Potenzprodukte aus Abschnitt 4.2 werden für geklebte Verbindungen nachfolgend aufgelistet.

$$\pi_A = \frac{\pi_1}{\pi_2\,\pi_3} \qquad \pi_A = \frac{G\,L_R}{F\,l} \tag{4.24}$$

$$\pi_B = \frac{\pi_2}{\pi_3\,\pi_4} \qquad \pi_B = \frac{F}{R_m\,l\,b} \tag{4.25}$$

$$\pi_{C_K} = \frac{\pi_5\,\pi_6}{\pi_3\,\pi_7} \qquad \pi_{C_K} = \frac{t_K\,E}{l\,G_K} \tag{4.26}$$

Die Kenngröße π_{C_K} beinhaltet unter anderem Parameter zur Beschreibung der Klebung. Das Verhältnis der Klebschichtdicke t_K zur Länge der gefügten Bleche l ist sicherlich kleiner als eins, da $t_K << l$. Der Schubmodul des Klebstoffs G_K ist ebenfalls immer kleiner als der Elastizitätsmodul E der Fügeteile. Demnach ist die Kennzahl $\pi_{C_K} < 1$.

Durch Einsetzen der definierten Kennzahlen aus den Gleichungen (4.24)-(4.26) in Gleichung (4.23) entsteht das dimensionslose Gewichtsfunktional für Klebeverbindungen.

$$\pi_A = \pi_8 + \frac{5}{\sqrt{2}}\,\pi_8\,\sqrt{\frac{\pi_8\,\pi_B\,\pi_{C_K}}{\pi_9}} \tag{4.27}$$

In Abbildung 4.9 wird das dimensionslose Gewichtsfunktional für die Überlappungsklebeverbindung als *gewichtlicher Wirkungsgrad* und in Abbildung 4.10 als dimensionsloses Zusatzgewicht ausgewertet.

Die für die dimensionslose Kenngröße π_{C_K} angenommenen beispielhaften Zahlenwerte decken den typischen Schwankungsbereich der enthaltenen Parameter ab. Die Kurven des gewichtlichen Wirkungsgrad für die geklebte einschnittige Überlappung starten bei einem vergleichsweise niedrigen Ordinatenwert. Dies resultiert aus dem Sicherheitsfaktor für Klebeverbindungen (siehe Abschnitt 2.3.2), der aufgrund der Temperaturempfindlichkeit sowie Alterung von Klebstoffen deutlich größer ist als der Sicherheitsfaktor beim ungestörten Referenzblech. Der Einfluss der dimensionslosen Kennzahl π_B bei der geklebten Überlappungsverbindung ist geringer als bei den genieteten Überlappungsverbindungen.

Aus der Relevanzliste $(l, R_m, \rho, m_{K_{min}}, F, b, t_K, E, G_K, j_{ges_K}, m)$, die aus der Massengleichung (analytische Gewichtsgleichung (3.18) dividiert durch die Erdbeschleunigung g) der geklebten Überlappungsverbindung extrahiert wurde, kann die Dimensionsmatrix in Tabelle 4.7 links erstellt werden. Die obere Diagonalform in Tabelle 4.7 rechts erhält man durch rangerhaltende Spaltenoperationen.

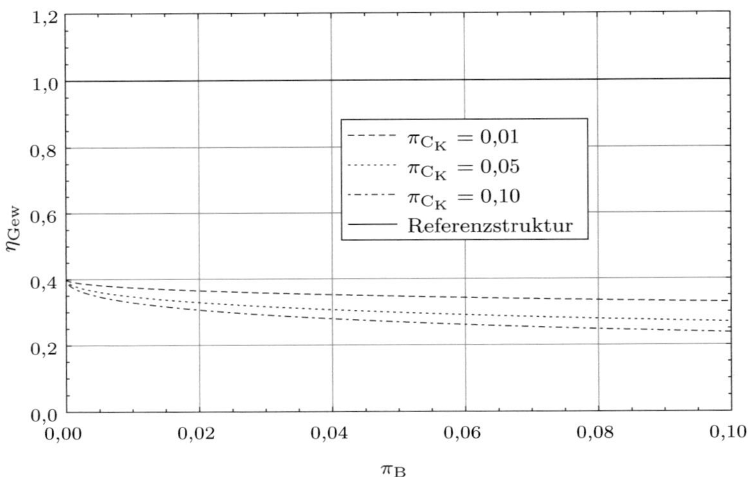

Abbildung 4.9: Dimensionsloses Gewichtsfunktional als gewichtlicher Wirkungsgrad der geklebten einschnittigen Überlappung (Variante I) bei Variation von π_{C_K}

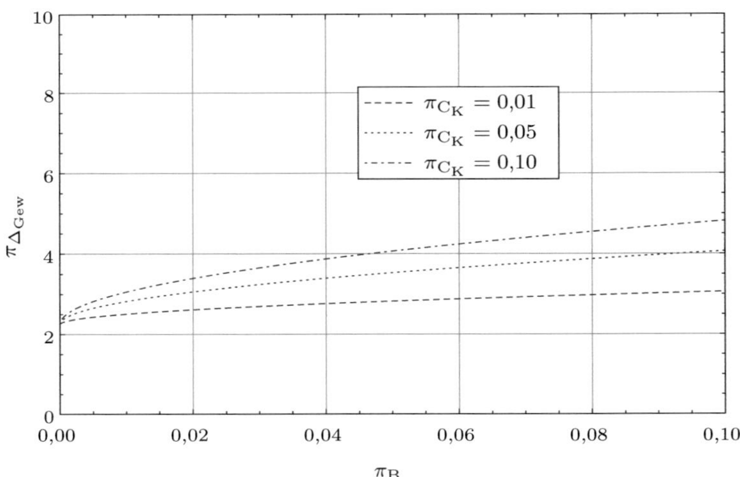

Abbildung 4.10: Dimensionsloses Zusatzgewicht der geklebten einschnittigen Überlappung (Variante II) bei Variation von π_{C_K}

Variable	L	M	T		D'$_1$	D'$_2$	D'$_3$
l	1	0	0		1	0	0
R_m	-1	1	-2		0	1	0
ρ	-3	1	0		0	0	1
$m_{\mathrm{K_{min}}}$	0	1	0		3	0	1
F	1	1	-2	⇒	2	1	0
b	1	0	0		1	0	0
t_{K}	1	0	0		1	0	0
E	-1	1	-2		0	1	0
G_{K}	-1	1	-2		0	1	0
$j_{\mathrm{ges_K}}$	0	0	0		0	0	0
m	0	0	0		0	0	0

Tabelle 4.7: Dimensionsmatrix und Normalform für geklebte Strukturverbindungen auf Basis der Massengleichung

Mit Dimension $m = 11$ und Rang $r = 3$ folgen $m = n - r = 8$ dimensionslose Potenzprodukte.

$$\begin{aligned} \pi_1 &= \frac{m_{\mathrm{K_{min}}}}{l^3\,\rho} & \pi_2 &= \frac{F}{l^2\,R_m} & \pi_3 &= \frac{b}{l} \\ \pi_4 &= \frac{t_{\mathrm{K}}}{l} & \pi_5 &= \frac{E}{R_m} & \pi_6 &= \frac{G_{\mathrm{K}}}{R_m} \\ \pi_7 &= j_{\mathrm{ges_K}} & \pi_8 &= m \end{aligned} \tag{4.28}$$

Damit lautet die dimensionslose Massengleichung für geklebte Überlappungsverbindungen:

$$\pi_1 = \pi_2 \left(\pi_7 + \frac{5\,\pi_7}{\sqrt{2}} \sqrt{\frac{\pi_2\,\pi_4\,\pi_5\,\pi_7}{\pi_3\,\pi_6\,\pi_8}} \right) \tag{4.29}$$

Die dimensionslosen Kennzahlen π_4 bis π_8 werden mit Zahlenwerten belegt, so dass eine dreidimensionale Darstellung in Diagrammform möglich ist (siehe Abbildung 4.11). Mit der Zuweisung des Wertes eins für den Parameter π_3 ist der Zusammenhang der Kennzahlen π_1 und π_2 über die Massengleichung 4.29 in Abbildung 4.12 dargestellt.

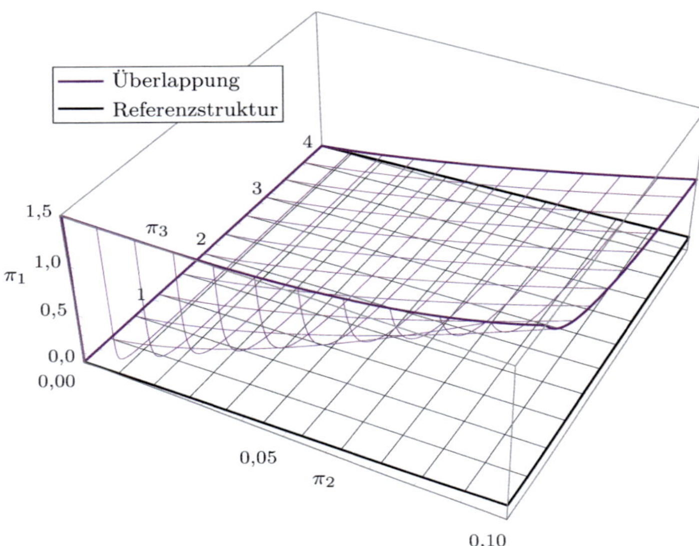

Abbildung 4.11: Dimensionslose Darstellung (3-D) der Massengleichung für geklebte einschnittige Überlappungen und für die Referenzstruktur

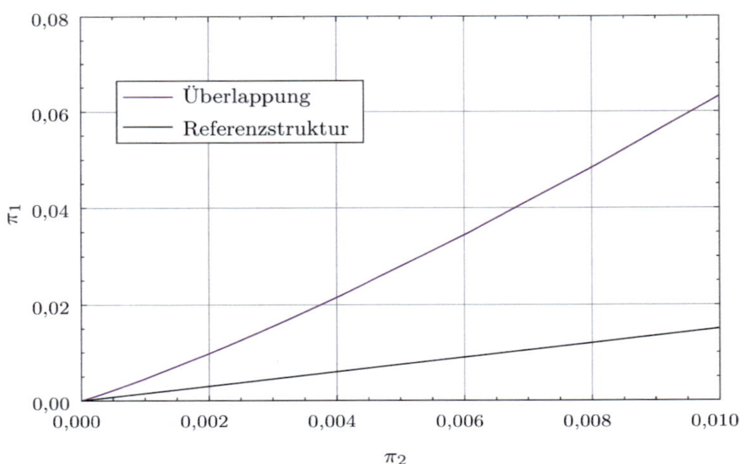

Abbildung 4.12: Dimensionslose Darstellung der Massengleichung für geklebte Überlappungen ($m = 1$) und für die Referenzstruktur für $\pi_3 = 1$

4.6 Geschweißte Strukturverbindungen

Für die geschweißte Stumpfstoßverbindung wird aus der analytischen Gleichung (3.26) die dimensionslose Beschreibungsform entwickelt. Die enthaltenen Größen, die identisch zu denen der Referenzstruktur sind, definieren die Relevanzliste $(R_m, \rho, g, G_{\mathrm{Sch.S_{min}}}, F, l, j_{\mathrm{ges_{Sch}}})$, aus der die Dimensionsmatrix in Tabelle 4.8 links erstellt wird. Die obere Diagonalform ist in Tabelle 4.8 rechts angegeben.

Variable	L	M	T
R_m	-1	1	-2
ρ	-3	1	0
g	1	0	-2
$G_{\mathrm{Sch.S_{min}}}$	1	1	-2
F	1	1	-2
l	1	0	0
$j_{\mathrm{ges_{Sch}}}$	0	0	0

$\Rightarrow$

D'$_1$	D'$_2$	D'$_3$
1	0	0
0	1	0
0	0	1
3	-2	-2
3	-2	-2
1	-1	-1
0	0	0

Tabelle 4.8: Dimensionsmatrix und Normalform einer geschweißten Stumpfstoßverbindung

Der Rang der Dimensionsmatrix ist $r = 3$. Mit $n = 7$ Größen können daher $m = n - r = 4$ dimensionslose Kennzahlen gebildet werden. Für den geschweißten Stumpfstoß lauten diese wie folgt:

$$\pi_1 = \frac{G_{\mathrm{Sch.S_{min}}}\,\rho^2\,g^2}{R_m^3} \qquad \pi_2 = \frac{F\,\rho^2\,g^2}{R_m^3}$$
$$\pi_3 = \frac{l\,\rho\,g}{R_m} \qquad \pi_4 = j_{\mathrm{ges_{Sch}}} \tag{4.30}$$

Durch Einsetzen der dimensionslosen Kennzahlen in die minimale Gewichtsfunktion (3.26) des geschweißten Stumpfstoßes ergibt sich die dimensionslose Gewichtsgleichung (4.31).

$$\pi_4 = \frac{\pi_1}{\pi_2\,\pi_3} = \frac{G\,L_{\mathrm{R}}}{F\,l} \tag{4.31}$$

Analog zur Vorgehensweise für die Referenzstruktur kann mittels der Definition des dimensionslosen Kennwertes π_{A} bzw. π_{Gew} aus Abschnitt 4.2 das dimensionslose Gewichtsfunktional für den geschweißten Stumpfstoß angegeben werden.

$$\pi_{\mathrm{A}} = \pi_4 = j_{\mathrm{ges_{Sch}}} \qquad \pi_{\mathrm{Gew}} = \frac{1}{\pi_4} = \frac{1}{j_{\mathrm{ges_{Sch}}}} \tag{4.32}$$

Für die geschweißten Überlappungs- bzw. Laschenverbindungen kann mittels der Relevanzliste $(R_m, \rho, g, G_{\text{Sch.Ü}_{\min}}, F, l, b, j_{\text{ges}_{\text{Sch}}})$ der Beschreibungsfunktion (3.30) die Dimensionsmatrix in Tabelle 4.9 links erstellt werden. Die Normalform ist in Tabelle 4.9 rechts angegeben.

Variable	L	M	T		D'1	D'2	D'3
R_m	-1	1	-2		1	0	0
ρ	-3	1	0		0	1	0
g	1	0	-2		0	0	1
$G_{\text{Sch.Ü}_{\min}}$	1	1	-2	⇒	3	-2	-2
F	1	1	-2		3	-2	-2
l	1	0	0		1	-1	-1
b	1	0	0		1	-1	-1
$j_{\text{ges}_{\text{Sch}}}$	0	0	0		0	0	0

Tabelle 4.9: Dimensionsmatrix und Normalform der geschweißten Überlappungs- bzw. Laschenverbindung

Mit Dimension $n = 8$ und Rang $r = 3$ folgen wegen $m = n - r = 5$ dimensionslose Kennzahlen.

$$\pi_1 = \frac{G_{\text{Sch.Ü}_{\min}}\,\rho^2\,g^2}{R_m^3} \qquad \pi_2 = \frac{F\,\rho^2\,g^2}{R_m^3} \qquad \pi_3 = \frac{l\,\rho\,g}{R_m}$$
$$\pi_4 = \frac{b\,\rho\,g}{R_m} \qquad \pi_5 = j_{\text{ges}_{\text{Sch}}} \tag{4.33}$$

Damit ergibt sich die in den dimensionslosen Potenzprodukten umgeschriebene dimensionslose Gewichtsgleichung unter Umformen der analytischen Gleichung (3.30) zu

$$\pi_1 = \frac{\pi_2\,\pi_3\,\pi_5}{\sqrt{2}} + \frac{8\,\pi_2^2\,\pi_5^2}{\pi_4}\,. \tag{4.34}$$

Unter Einbeziehung der definierten Kennzahlen aus Abschnitt 4.2, nachfolgend angegeben für die Schweißverbindungen,

$$\pi_\text{A} = \frac{\pi_1}{\pi_2\,\pi_3} \qquad \pi_\text{A} = \frac{G\,L_\text{R}}{F\,l} \tag{4.35}$$

$$\pi_\text{B} = \frac{\pi_2}{\pi_3\,\pi_4} \qquad \pi_\text{B} = \frac{F}{R_m\,l\,b} \tag{4.36}$$

ergibt sich die Bewertungsfunktion für die geschweißten Überlappungs- bzw. Laschenverbindungen.

$$\pi_\text{A} = \frac{\pi_5}{\sqrt{2}} + 8\,\pi_\text{B}\,\pi_5^2 \tag{4.37}$$

Der Kurvenverlauf der Bewertungsfunktion für geschweißte Überlappungsverbindungen ist in Variante I (gewichtlicher Wirkungsgrad) in Abbildung 4.13 (a) und Variante II (dimensionsloses Zusatzgewicht) in Abbildung 4.13 (b) dargestellt.

Abschließend wird das dimensionslose Massenfunktional entwickelt. Dieses ist für den geschweißten Stumpfstoß identisch zur Gleichung (4.13) der Referenzstruktur ($\pi_1 = \pi_2\,\pi_3$), da die Variablen der analytischen Ausgangsgleichung dieselben sind. In der nachfolgenden Gleichung (4.38) sind die dimensionslosen Kennzahlen angegeben.

$$\pi_1 = \frac{m_{\mathrm{Sch.S_{min}}}}{l^3\,\rho} \qquad \pi_2 = \frac{F}{l^2\,R_m} \qquad \pi_3 = j_{\mathrm{ges_{Sch}}} \tag{4.38}$$

Aus der Relevanzliste $(l, R_m, \rho, m_{\mathrm{Sch.\ddot{U}_{min}}}, F, b, j_{\mathrm{ges_{Sch}}})$ kann für die geschweißte Überlappungsverbindung die Dimensionsmatrix in Tabelle 4.10 links angegeben werden.

Variable	L	M	T		D'₁	D'₂	D'₃
l	1	0	0		1	0	0
R_m	-1	1	-2		0	1	0
ρ	-3	1	0	$\Rightarrow$	0	0	1
$m_{\mathrm{Sch.\ddot{U}_{min}}}$	0	1	0		3	0	1
F	1	1	-2		2	1	0
b	1	0	0		1	0	0
$j_{\mathrm{ges_{Sch}}}$	0	0	0		0	0	0

Tabelle 4.10: Dimensionsmatrix und Normalform der geschweißten Überlappungsverbindung auf Basis der Massengleichung

Mit Dimension $m = 7$ und Rang $r = 3$ folgen $m = n - r = 4$ dimensionslose Potenzprodukte.

$$\pi_1 = \frac{m_{\mathrm{Sch.\ddot{U}_{min}}}}{l^3\,\rho} \qquad \pi_2 = \frac{F}{l^2\,R_m} \qquad \pi_3 = \frac{b}{l} \qquad \pi_4 = j_{\mathrm{ges_{Sch}}} \tag{4.39}$$

Damit lautet die dimensionslose Massengleichung für geschweißte Überlappungsverbindungen:

$$\pi_1 = \frac{\pi_2\,\pi_4}{\sqrt{2}} + \frac{8\,\pi_2^2\,\pi_4^2}{\pi_3} \tag{4.40}$$

Zusammenfassend für die Schweißverbindungen sind in Abbildung 4.14 die Massenfunktionale der geschweißten Verbindungen und der Referenzstruktur dreidimensional und in Abbildung 4.15 zusätzlich für einen konstanten Wert π_3 zweidimensional ausgewertet.

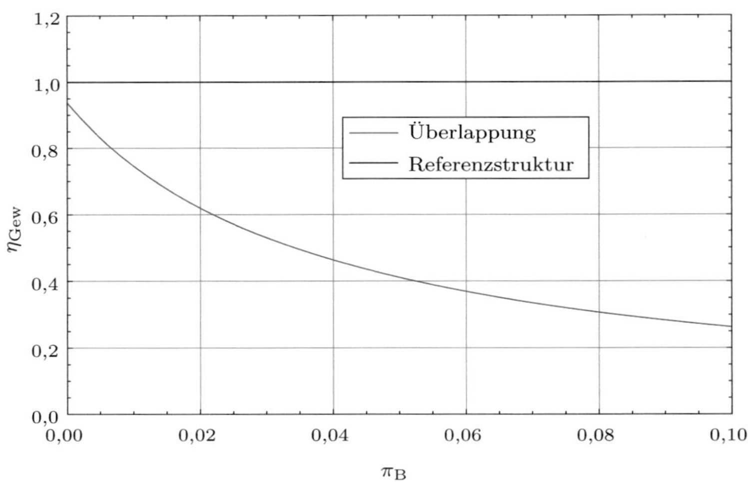

(a) Gewichtlicher Wirkungsgrad

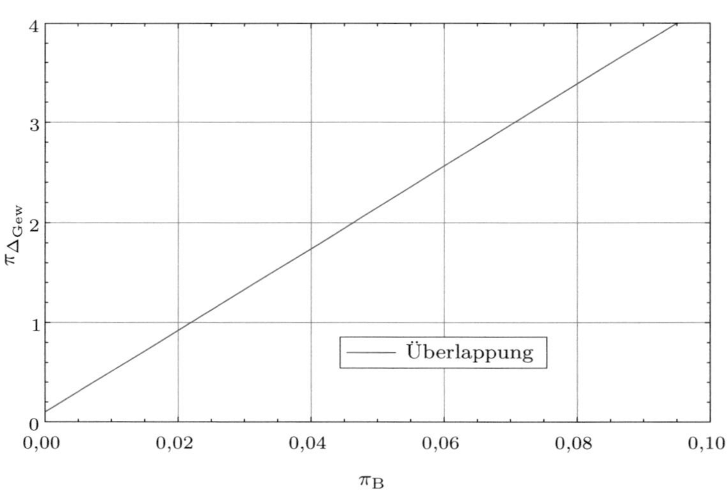

(b) Dimensionsloses Zusatzgewicht

Abbildung 4.13: Darstellungsformen (Variante I, Variante II) der dimensionslosen Gewichtsfunktionale für geschweißte Überlappungsverbindungen

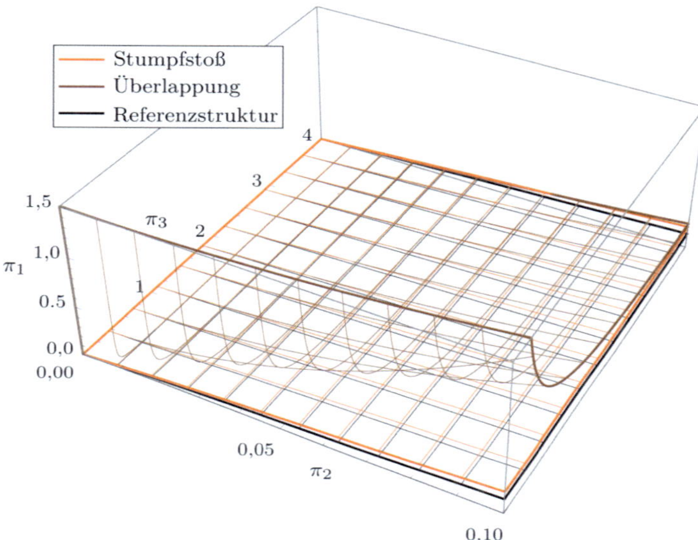

Abbildung 4.14: Dimensionslose Darstellung (3-D) der Massengleichungen für geschweißte Verbindungen und für die Referenzstruktur

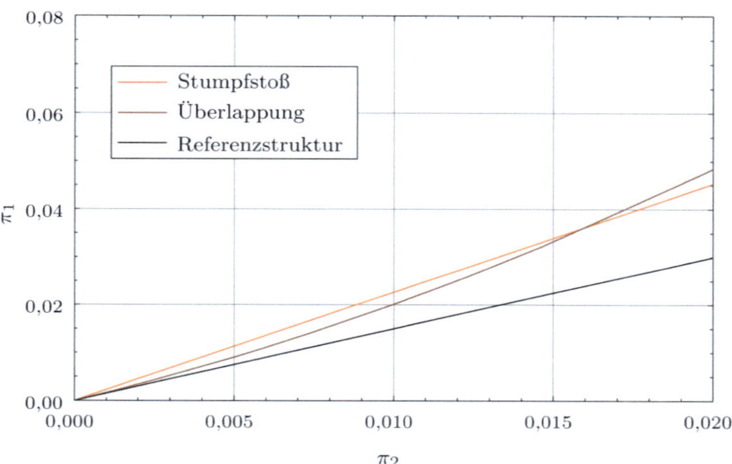

Abbildung 4.15: Dimensionslose Darstellung der Massengleichungen für geschweißte Verbindungen und für die Referenzstruktur für $\pi_3 = 1$

4.7 Globaler Vergleich und Diskurs

Die stringente Weiterentwicklung des dimensionsbehafteten Strukturkennwerts zur dimensionslosen Ähnlichkeitskennzahl für die Bewertung von Strukturverbindungen führt durch den Einsatz der Dimensionsanalyse zum Übergang dimensionsbehafteter Vergleichsgrößen zu aussagekräftigen dimensionslosen Potenzprodukten. Für die beispielhaft betrachteten Fügeverfahren kann mittels dieses Ansatzes eine gewichtliche Gegenüberstellung zur Auswahl der *optimalsten* (d. h. hier gewichtsminimalen) Verbindung vollzogen werden.

Abbildung 4.16 (a) zeigt den Sachverhalt des gewichtlichen Vergleichs auf Basis des definierten Wirkungsgrads (Variante I) für eine genietete, geklebte Überlappungsverbindung und einen geschweißten Stumpfstoß. Das dimensionslose Zusatzgewicht dieser Verbindungen ist in Abbildung 4.16 (b) gegenübergestellt.

Zusammmenfassend sind in Gleichung (4.41) und Gleichung (4.42) nochmals die definierten global gültigen und die spezifischen dimensionslosen Kennzahlen der verschiedenen Fügeverfahren aufgelistet.

$$\pi_{\mathrm{Gew}} = \frac{F\,l}{G\,L_{\mathrm{R}}} \qquad \pi_{\mathrm{A}} = \frac{1}{\pi_{\mathrm{Gew}}} \qquad \pi_{\Delta_{\mathrm{Gew}}} = \pi_{\mathrm{A_{Ver}}} - \pi_{\mathrm{A_R}} \tag{4.41}$$

$$\pi_{\mathrm{B}} = \frac{F}{R_m\,l\,b} \qquad \pi_{\mathrm{C_N}} = n \qquad \pi_{\mathrm{C_K}} = \frac{t_{\mathrm{K}}\,E}{l\,G_K} \tag{4.42}$$

In den vorangegangen Abschnitten wurden dimensionslose Massengleichungen als weitere Alternative zur Veranschaulichung des breiten Spektrums an Lösungen mittels der Dimensionsanalyse entwickelt. Dabei können für alle Fügeverfahren drei Kennzahlen zur Erstellung der Massenfunktionale und visuellen Veranschaulichung in Diagrammen herangezogen werden. Dieser dreidimensionale Zusammenhang ist für die verschiedenen Fügeverfahren in Abbildung 4.17 dargestellt. Daraus abgeleitet ist die zweidimensionale Darstellung für $\pi_3 = 1$ in Abbildung 4.18.

$$\pi_1 = \frac{m}{l^3\,\rho} \qquad \pi_2 = \frac{F}{l^3\,R_m} \qquad \pi_3 = \frac{b}{l} \tag{4.43}$$

Das Pi-Set aus Gleichung (4.43) ermöglicht einen Gewichtsvergleich mittels eines *dimensionslosen Strukturkennwerts*, bei dem der klassische Strukturkennwert auf die relevante Materialgröße (Bruchfestigkeit) bezogen wird [112]. Allerdings wird durch die formale Vorgehensweise der Ähnlichkeitsmechanik deutlich, dass die Beschreibung einen dreidimensionalen Raum aufspannt und die Wendepunkte der gewichtsminimalen Verbindungstechnik demnach vom Verhältnis der Kennzahl π_3 abhängen.

Die Aussage der Diagramme bezüglich ihrer Anwendung zur Auswahl eines Fügeverfahrens muss allerdings eingeschränkt werden. Es ist zu beachten, dass der analytischen Auslegungsmethode vereinfachende Annahmen zugrundegelegt wurden. Da in dieser Arbeit die Gesamtmethodik im Vordergrund steht ist eine Beschränkung auf eine reine statische Festigkeitsbetrachtung gerechtfertigt. Weiterhin wurden keine fertigungstechnischen Randbedingungen implementiert, da reale Informationen nicht zur Verfügung stehen. Wie bereits in Abschnitt 3.5 angedeutet, beinhaltet diese Herangehensweise ausschließlich die Aspekte des minimalen Gewichts zur Auswahl eines bestimmten Fügeverfahrens.

Die aus dem formalen Ansatz des Pi-Theorems nach BUCKINGHAM [14] resultierenden Kennzahlen können als objektive Bewertungsgrundlage für die Auswahl herangezogen werden. Es werden zwei verschiedene aber gleichwertige Pi-Sets präsentiert, bei dem zum einen sehr gut vorstellbare Kennzahlen wie der Wirkungsgrad definiert werden und zum anderen der dimensionslose Strukturkennwert Anwendung findet, der gegebenenfalls mehr Interpretationsaufwand erfordert.

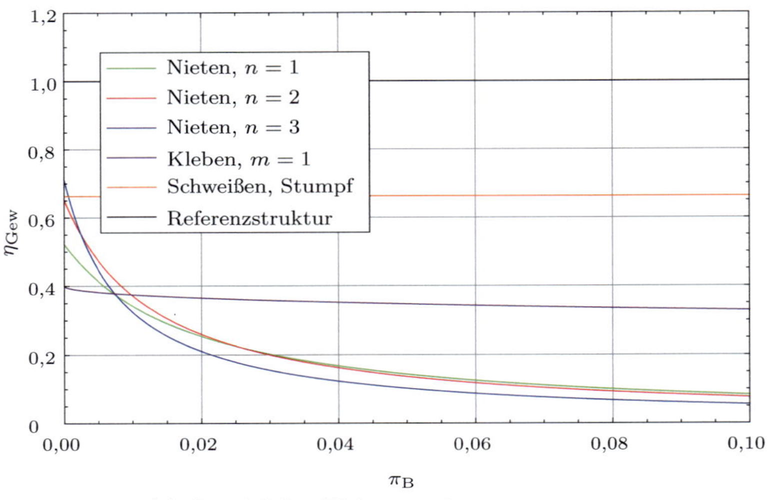

(a) Gewichtlicher Wirkungsgrad (Variante I)

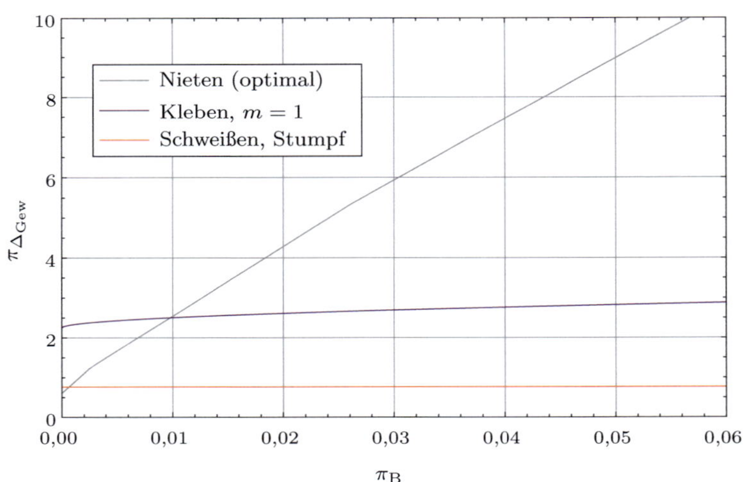

(b) Dimensionsloses Zusatzgewicht (Variante II)

Abbildung 4.16: Darstellungsformen (Variante I, Variante II) der dimensionslosen Gewichtsfunktionale für verschiedene Fügeverfahren

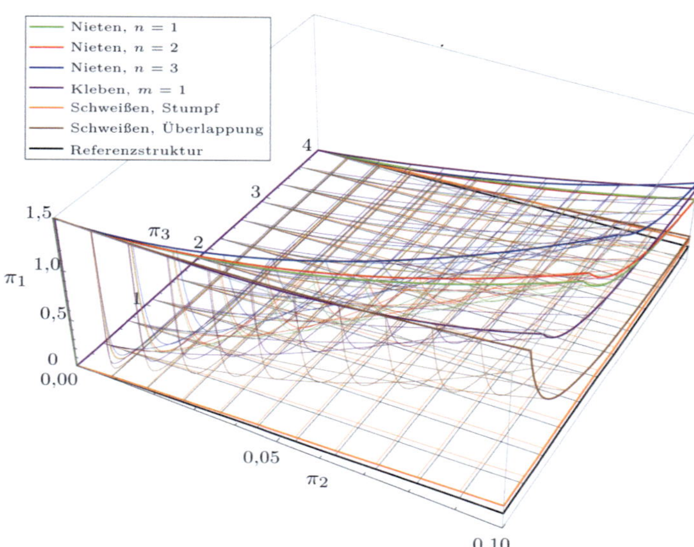

Abbildung 4.17: Dimensionslose Darstellung (3-D) der Massengleichungen verschiedener Fügeverfahren (genietete Verbindungen: $m = 1$)

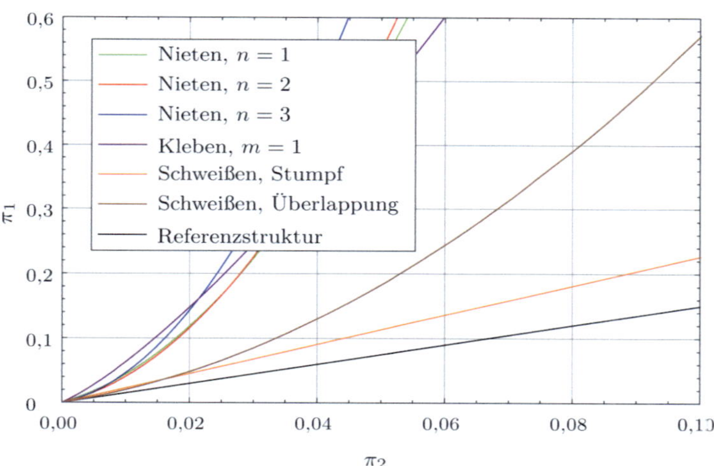

Abbildung 4.18: Dimensionslose Darstellung der Massengleichung verschiedener Fügeverfahren für $\pi_3 = 1$

5 Validierung der Gewichtsfunktionale

Mittels Entwurfssprachen [93] kann der Entwurfsprozess u. a. dadurch unterstützt werden, dass bereits in einem frühen Entwurfsstadium detailgetreue fertigungsnahe CAD-Daten generiert werden, anhand derer eine exakte Massenbestimmung durchgeführt wird. Diese kann zur quantitativen Validierung der Gewichtsfunktionen eingesetzt werden. Durch die konsequent regelbasierte und integrierte Umsetzung lassen sich im vorgesehenen Topologie- und Parameterbereich nahezu beliebige konsistente (Geometrie-)Varianten der Struktur aufbauen.

Die Informationsdarstellung in einer Entwurfssprache bietet den Vorteil, dass die erzeugten Modell-Daten zunächst nicht toolgebunden vorliegen, sondern auf einem allgemein formulierten, offenen Datensatz auf Basis der „Unified Modeling Language“ (UML) [5] beruhen. Damit wird in einem multidisziplinären Entwurfsprozess die Möglichkeit eröffnet, das erzeugte einheitliche Basismodell in die jeweils benötigten spezifischen Datenformate exportieren zu können.

Exemplarisch wird eine typische Konstruktion der Flugzeugrumpfstruktur analysiert und in einer Entwurfssprache umgesetzt. Dabei wird ausgenutzt, dass die Grundform des Rumpfquerschnitts in der Mehrzahl der Fälle durch eine allgemeine Formulierung einer Eikurve mathematisch ausreichend exakt angenähert werden kann. Auf Basis dieser parametrischen Kurven werden alle generierten Strukturelemente positioniert, wodurch ein in sich exaktes, geometrisch konsistentes und adaptives Modell realisiert wird.

Der Aufbau dieser Rumpfstruktur als digitales Datenmodell wird mittels entwickelter geometrischer Gewichtsfunktionen aus sogenannten „Design Principles“[20] realisiert [7]. Dabei werden Regeln über geometrische Zusammenhänge der Strukturkomponenten aufgestellt, die unter anderem auf Basis von Bauteilzeichnungen gewonnen werden. Ausgehend von wenigen global festgelegten Steuerungsparametern können damit die Geometrien aller am Prozess beteiligter Strukturbauteile regelbasiert aufgebaut werden. Dieser Ansatz wird für die Validierung der analytischen bzw. dimensionslosen Gewichtsfunktionen abstrahiert und für den Einsatz der analytischen Modelle zum Aufbau der Längs- und Quernähte so angepasst, dass die Gewichtsergebnisse aus dem CAD-Modell den Ergebnissen

[20] Die Bezeichnung „Design Principles“ ist angelehnt an die Verwendung innerhalb der Airbus Deutschland GmbH, in denen Design-Regeln für Strukturen im Vorentwurf als Gestaltungsempfehlung zusammengefasst sind.

der theoretischen minimalen Gewichtsgleichungen aus Kapitel 4 gegenübergestellt werden können.

Diese Gesamtmethodik für eine quantitative Validierung der entwickelten analytischen Gewichtsfunktionale ist in Abbildung 5.1 dargestellt. Die zusätzlichen fertigungstechnischen Randbedingungen der exakten Design-Lösung könnten langfristig dann wieder ins analytische Modell zurückfließen, so dass die dimensionslosen Gewichtsgleichungen mit diesen Aussagen zusammenfallen würden.

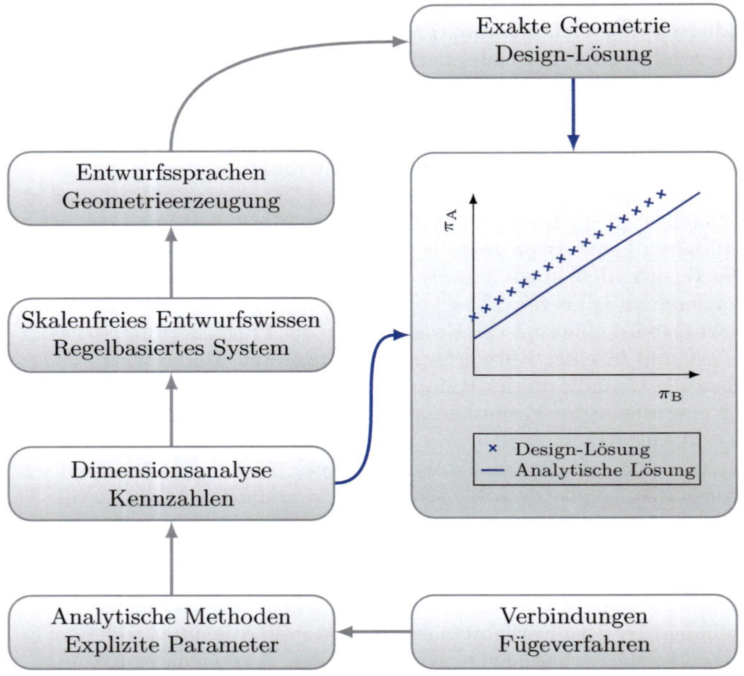

Abbildung 5.1: Methodik zur quantitativen Validierung der Gewichtsfunktionale für Strukturverbindungen

5.1 Methode der graphenbasierten Entwurfssprachen

Das Vorgehen beim Entwurf technischer Systeme lässt sich nach RUDOLPH [91] mittels einer Entwurfssprache systematisieren, der eine Grammatik zugrunde liegt, die aus Vokabeln und Regeln besteht. Mittels der Vokabeln werden die Bauteile eines Entwurfs mit ihren Eigenschaften und gegenseitigen Abhängigkeiten beschrieben. In den Regeln wird festgelegt, wie einzelne Exemplare der Vokabeln erzeugt und gemäß der Abhängigkeiten miteinander verbunden werden. Schließlich wird die Reihenfolge der Regelausführung als Aktivitätsdiagramm definiert und festgelegt. Dabei können Verzweigungen zu alternativen Prozesswegen vorgesehen werden, über deren Ausführung anhand der Vokabeleigenschaften während der Prozesslaufzeit entschieden wird.

Durch eine derartige Formalisierung von Entwurfswissen ist es möglich, Aktivitäten und Entscheidungen beim Entwurf zu automatisieren und für eine große Anzahl an Topologie- und Parameterkombinationen auszuführen. Dabei entsteht jeweils schrittweise ein Modell des Entwurfs, das dessen Topologie in Form miteinander verbundener Vokabelexemplare beschreibt und deshalb auch als Entwurfsgraph bezeichnet wird. Die bei mehreren Abläufen des Aktivitätsdiagramms erzeugten Lösungen können sich sowohl parametrisch als auch topologisch voneinander unterscheiden, stellen jedoch alle bezogen auf die Entwurfssprache gültige Entwürfe dar. Über die Entwurfssprache wird daher der Entwurfsraum als Menge zulässiger Realisierungen eines Systems bestimmt.

Lassen sich die Zusammenhänge zwischen den Vokabeln als mathematische Formeln in Abhängigkeit von den Vokabeleigenschaften ausdrücken, so enthält jedes erzeugte Entwurfsmodell neben seinem topologischen Aufbau auch ein hierzu konsistentes analytisches Modell aus symbolischen Gleichungen. Dieses auf die einzelnen Vokabelexemplare verteilte Gleichungssystem kann während der Ausführung des Aktivitätsdiagramms automatisiert von einem Computeralgebrasystem ausgewertet werden, um nach topologischen Veränderungen die parametrische Konsistenz wiederherzustellen. Dabei berechnete Ergebnisse werden im Modell bei den Eigenschaften der Vokabelexemplare gespeichert und können die weitere Regelausführung beeinflussen.

Das aus dem Entwurfsgraphen bestehende Modell des Entwurfs kann mit Informationen aus mehreren Domänen angereichert werden. So kann zum Beispiel ein Geometriemodell enthalten sein, welches durch die Erfüllung vereinbarter Konventionen selbstgesteuert in ein CAD-Modell überführt wird. Nach der Auswertung solcher Teilmodelle in hierfür geeigneten domänenspezifischen Programmen, können diese Ergebnisse in den weiteren Transformationsprozess einfließen.

Bei der Entwicklung und Ausführung von Entwurfssprachen kommt ein sogenannter Entwurfscompiler zum Einsatz. Der *Entwurfscompiler 43* [39], der von der IILS mbH Stuttgart in Kooperation mit dem Institut für Statik und Dynamik der Luft- und Raumfahrtkonstruktionen der Universität Stuttgart entwickelt wurde, ermöglicht die grafische Definition einer Entwurfssprache in der standardisierten Modellierungssprache UML. Die Elemente einer Entwurfssprache werden dabei auf entsprechende Konzepte der Objektorientierung übertragen. So lassen sich zum Beispiel Vokabeln und ihre Eigenschaften als Klassen und Attribute modellieren, erzeugte Exemplare entsprechen in UML den Instanzen und Verbindungen zwischen Vokabeln werden als Assoziationen abgebildet. Die grafische Definition erfolgt dabei für die Vokabeln in Klassendiagrammen, für die Regeln in speziellen, mehrteiligen Objektdiagrammen und für die Transformationsprozesse in Aktivitätsdiagrammen.

Um eine große Flexibilität bei der Gestaltung der Regeln zu ermöglichen, können diese beim verwendeten Entwurfscompiler auch alternativ in Java [94] implementiert werden. Auf diese Weise lassen sich komplexe Manipulationen am Entwurfsmodell durchführen und anwendungsspezifische Verarbeitungsschritte in den Transformationsprozess integrieren.

5.2 Entwurfssprache zur Geometrieerzeugung

Der hier entwickelten Entwurfssprache wird eine typische Airbus-Metallrumpfstruktur in Halbschalenbauweise zugrunde gelegt, wie sie bereits in Abschnitt 2.1.2 näher beschrieben wurde. Dabei beschränkt sich der Rumpfaufbau auf Sektionen bestehend aus sogenannten ungestörten „Panels“, die häufig im oberen und unteren Rumpfbereich verbaut werden. Die Entwurfssprache kann durch Hinzunahme weiterer Subelemente (z. B. Tür- und Fensterausschnitte) ergänzt und detaillierter ausgestaltet werden, was mit der Möglichkeit einer beliebigen Steigerung an Komplexität gleichzusetzen ist.

Die Basis für den Aufbau der Entwurfssprache bilden die Gewichtsfunktionen der einzelnen Bauteilkomponenten [7], die den Geometrieaufbau über implementierte Regeln steuern. Über Eingangs-Parameter der Stringer- und Spantgeometrie, gewählter konstanter Werte für einzelne Parameter (Radien, Minimalabstände zu Bauteilgrenzen u. a.) und den zahlreichen Formeln (Randabstände, Nietabstände, Dicken, Höhen u. a.) für die Berücksichtigung firmeninterner „Design Principles“ wird als Beispiel die Clipgeometrie (siehe Abbildung 5.2 (a)) und die Geometrie der Stringerkupplung (siehe Abbildung 5.2 (b)) aufgebaut.

5.2.1 Reale Struktur und Dekomposition

Die reale Flugzeugstruktur (siehe Abbildung 5.3 (a)) mit den einzelnen Strukturbauteilen ist Basis für die geometrische Dekomposition und damit der Definition der Klassen für die Entwurfssprache, die entsprechend

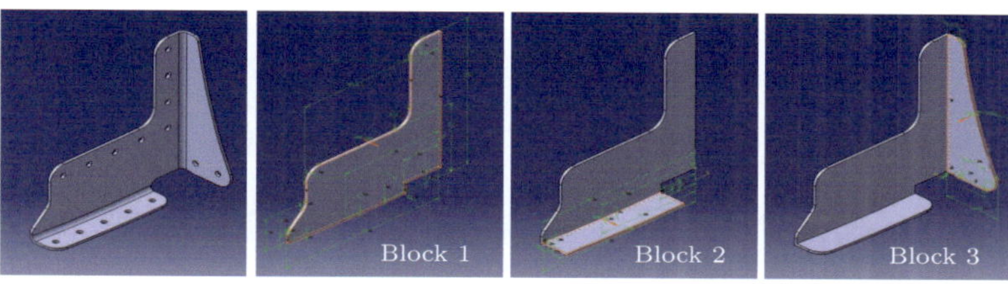

(a) Aufbau des „Clips“ in CATIA

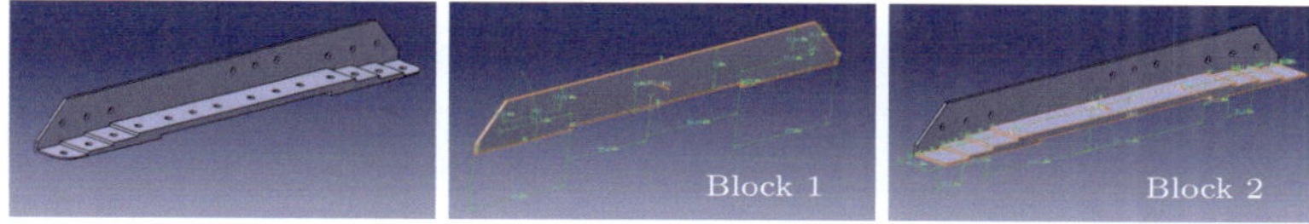

(b) Aufbau der Stringerkupplung in CATIA

Abbildung 5.2: Geometrischer Aufbau der Strukturen für die „Clips“ und die Stringerkupplungen in CATIA

ihrer spezifischen Eigenschaften modelliert werden. Die Klasse Section bildet die oberste Ebene der Sprache, die aus Klassen Panel über Längs- und Querverbindungen aufgebaut ist und aus weiteren Bauteil-Klassen besteht, wie der Abbildung 5.3 (b) zu entnehmen ist [92].

Das Klassendiagramm wird unter Berücksichtigung von Abhängigkeiten und Informationsflüssen zwischen einzelnen Klassen konzipiert. Dies ist beispielhaft auszugsweise in Abbildung 5.4 dargestellt. Die Klassen untereinander werden über Assoziationen verbunden, wobei zwischen uni- und bidirektionalen Verbindungen zu unterscheiden ist, mittels dieser die Richtung des Informationsflusses geregelt wird. Die Änderung globaler Parameter des Modells (z. B. Spant- und Stringerabstand, Länge und Breite der „Panels“) steuert die Anpassung aller beteiligter Bauteilkomponenten. Für die Geometriebeschreibung der Spanten und Längsversteifungen werden sogenannte „Size-Codes“ auf Basis von Normen in Konstruktionstabellen hinterlegt über die die Maße der Parameter gesteuert werden und die Gültigkeit für das gesamte generierte „Panel“ besitzen. Die globalen Parameter werden im UML-Modell innerhalb der Klassen Section und Panel zentral verwaltet. Die Klasse Panel versorgt alle weiteren Geometrie-Klassen mit Parametern. Für die Positionsfestlegung der einzelnen Strukturbauteile werden Punkte (Klasse Point) verwendet, die aus den globalen Parametern erzeugt werden und zur Positionsbestimmung weiteren Bauteilen zur Verfügung gestellt werden.

Die detaillierte Modellierung der Klassen beinhaltet Überlegungen zum Gesamtprozess, wobei entschieden wird, welche Informationen innerhalb

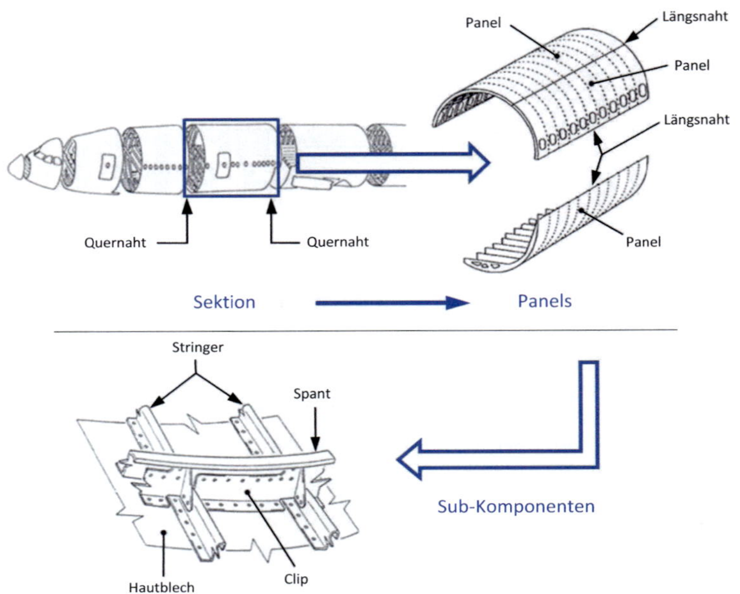

(a) Differentialbauweise einer typischen Flugzeugrumpfstruktur ([23], [27])

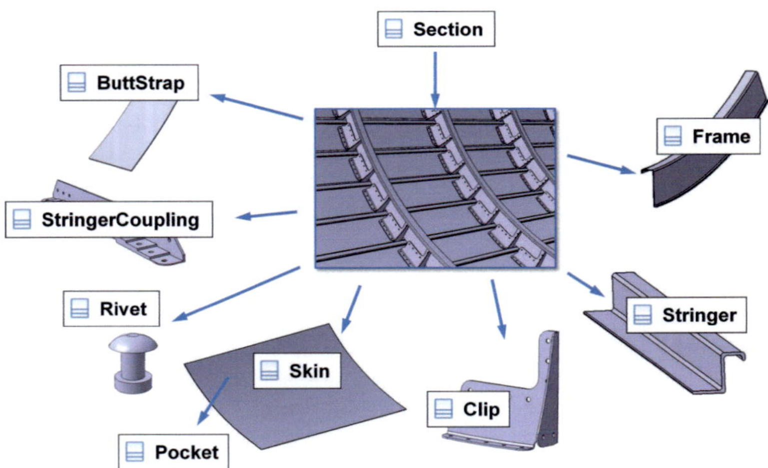

(b) Geometrische Dekomposition der Struktur [92]

Abbildung 5.3: Flugzeugrumpfstruktur und die daraus abgeleitete geometrische Dekomposition der Entwurfssprache

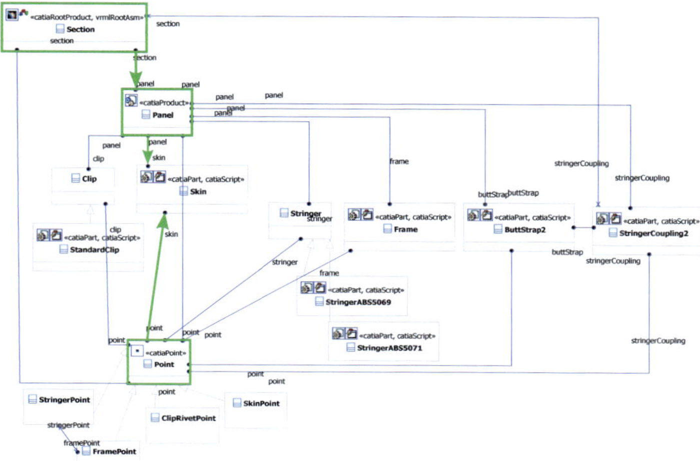

Abbildung 5.4: Auszug aus dem Klassendiagramm

der Klasse gespeichert, verwaltet und gegebenenfalls an andere Klassen weitergegeben werden müssen. Den Klassen werden, um sie der jeweiligen anwenderspezifischen Software zuzuordnen, Stereotypen zugewiesen. Die Klasse Panel ist aus einzelnen Geometrie-Komponenten aufgebaut und entspricht demnach dem Stereotyp catiaProduct. Weitere Informationen zur detaillierten Modellierung der einzelnen Klassen ist [27] zu entnehmen.

5.2.2 Beschreibung des Rumpfquerschnitts

Die konventionelle Rumpfstruktur eines Verkehrsflugzeugs besitzt im Bereich des mittleren Rumpfteils einen konstanten Querschnitt, der für die Umsetzung des strukturellen Aufbaus der Sektionen zugrunde gelegt wird. Die Bereiche des vorderen und hinteren Rumpfteils weisen Variationen im Querschnitt auf und sind demnach zunächst ausgenommen. Die Positionierung aller Strukurkomponenten des Flugzeugrumpfes erfolgt auf Basis der mathematischen Beschreibung dieses Rumpfquerschnitts, der über eine approximierte Eikurve bestimmt werden kann, deren Stützstellen über das Konstruktionsverfahren nach HÜGELSCHÄFFER [95] gewonnen werden. Die Form einer symmetrischen Eikurve wird über die Parameter Breitenradius $r1\text{A}$, Höhenkreisradius $r2\text{A}$ und vertikaler Versatz $h\text{A}$ festgelegt, was in Abbildung 5.5 veranschaulicht ist.

Davon ausgehend wird die im zusätzlichen Attribut nSteps festgelegte Anzahl an Stützpunkten als Objekte vom Typ EggCurvePoint erzeugt.

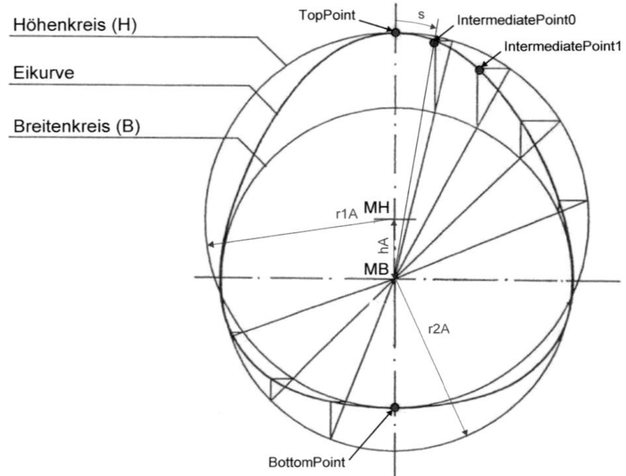

Abbildung 5.5: Geometrische Darstellung der Eikurve mit den Parametern $r1$A, $r2$A und hA sowie der Bogenlänge s

Diese erbt die räumlichen Koordinaten von der allgemeineren Klasse Point und ergänzt einige Attribute, wie z. B. die Position des Stützpunktes als Bogenlänge s. Die unidirektionale Assoziation zwischen den beiden Klassen macht deutlich, dass ein Stützpunkt von den Eikurvenparametern abhängt, jedoch keine umgekehrte Abhängigkeit besteht. Konkret werden anstatt der allgemeinen Klasse EggCurvePoint deren Unterklassen TopPoint, IntermediatePoint und BottomPoint instanziiert. Über deren spezifische Assoziation kann die Reihenfolge der Stützpunkte untereinander als verkettete Liste modelliert und dabei über die jeweils dazugehörigen Gleichungen ein konsistentes mathematisches Modell mitgeführt werden.

5.2.3 Regelverarbeitung

Über das Aktivitätsdiagramm (siehe Abbildung 5.6) werden aus den allgemeinen Klassen durch Regeln die Instanzen erzeugt. Darin wird der Zusammenbau der Rumpfsektion aus den zur Verfügung stehenden Vokabeln definiert. Der Prozess wird beginnend vom Anfangspunkt in Richtung der Verbindungspfeile bis zum Endpunkt durchlaufen. Dabei stehen die einzelnen Kästchen für Regeln und Unterprogramme (grau) oder für Aufrufe von Schnittstellen zu externen Programmen (Excel grün, „Solution Path Generator“ (SPG) blau, CATIA türkis). Die variablen Eingabeparameter zur Steuerung des Entwurfs sind in einer Excel-Datei abgelegt. Desweiteren werden die resultierenden Ergebnisse in einer separaten Excel-Ausgabedatei gespeichert.

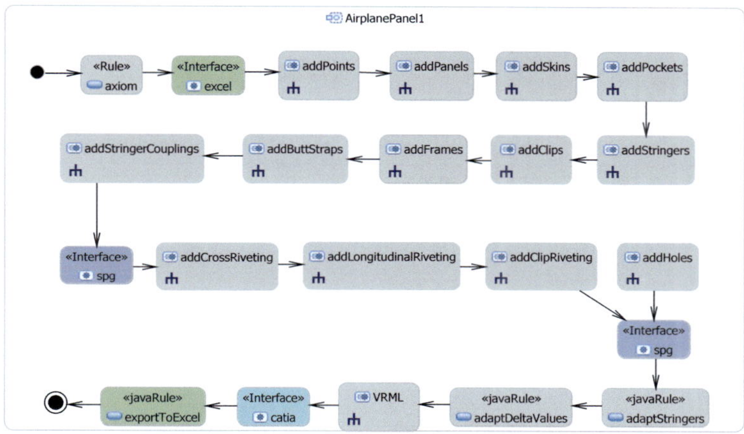

Abbildung 5.6: Aktivitätsdiagramm der Entwurfssprache für den Aufbau einer Flugzeug-Rumpfstruktur

Als Basis zum Aufbau und zur Positionierung der einzelnen Bauteile dient als Entwurfssystematik ein Punktegitter[21]. Diese Ankerpunkte werden für eine Sektion global erzeugt und die daraus abgeleiteten Verbindungslinien dienen als Stringer- bzw. Spantpositionslinien. Diese Systematik ist in Abbildung 5.7 dargestellt.

5.2.4 Ergebnisse des Modells

Mit den Vorüberlegungen aus den vorangegangenen Abschnitten und dem Aufbau des Prozesses für die Rumpfstrukturen über das Aktivitätsdiagramm (siehe Abschnitt 5.2.3) können durch Anpassung der Eingabe-Parameter verschiedenene Modellvarianten generiert werden. Beispielhaft wird ein Rumpfausschnitt bestehend aus vier „Panels“ mit allen in Abschnitt 5.2.1 beschriebenen Strukturelementen aufgebaut. Abbildung 5.8 zeigt die Ausgabe des Entwurfs als CATIA-Modell. In Tabelle 5.1 sind die Modellinformationen zur Erzeugung dieser Variante und Ergebnisse aus der Output-Datei zusammenfassend aufgelistet.

[21] Ein derartiges Punktegitter mit Punkten, die über ihre Namen in Beziehungen gesetzt werden können, wird oft auch als Maßkonzept bezeichnet, z. B. im Automobilbau.

1
Globales Punktegerüst wird entsprechend den Vorgaben auf der Eikurve generiert
- Schnittpunkte von Spant- und Stringerpositionslinien als zentrale Ankerpunkte des Entwurfs

Spantpositionslinie
Stringerpositionslinie
Globaler Ankerpunkt

2
Gebiet wird entsprechend der Vorgabe in einzelne Panels unterteilt
- Assoziierung der Ankerpunkte mit den Panel-Instanzen
- Vermeidung von Redundanz (an den Nahtstellen Assoziierung identischer Punkte mit mehreren Panels)

Panel B1
Panel A1
Panel B0
Panel A0
Globaler Ankerpunkt mit Relevanz für mehrere angrenzende Panels

(a) Erzeugung des Punktegitters

3
Für jedes Panel werden Schritt für Schritt die benötigten Komponenten hinzugefügt und mit den relevanten Ankerpunkten verknüpft

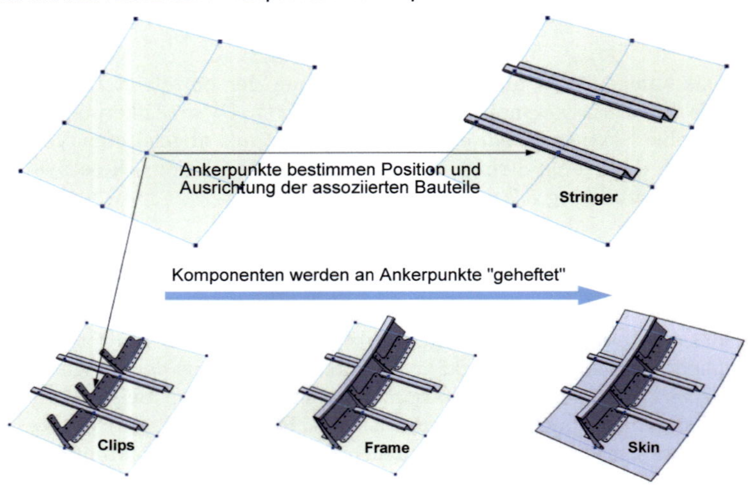

(b) Ausrichtung der Bauteilkomponenten

Abbildung 5.7: Entwurfssystematik für den Aufbau und die Ausrichtung der Bauteilkomponenten [27]

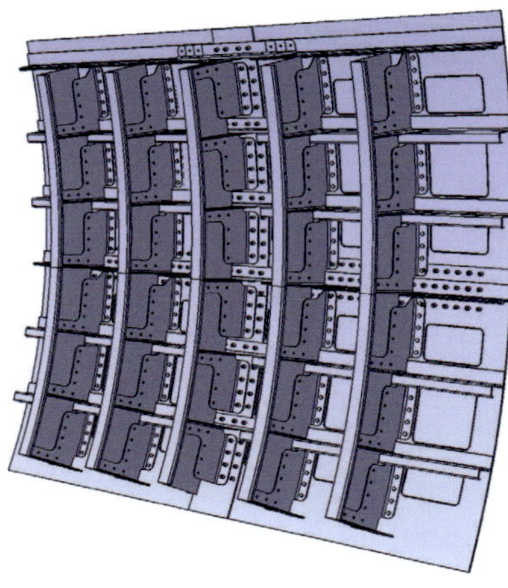

(a) Rumpfstruktur

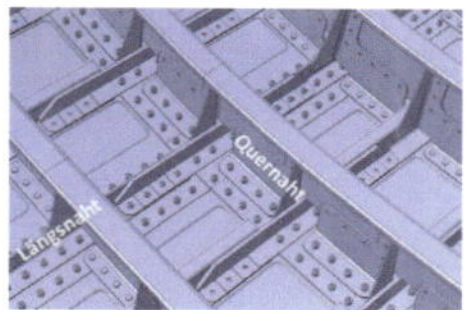

(b) Detail 1

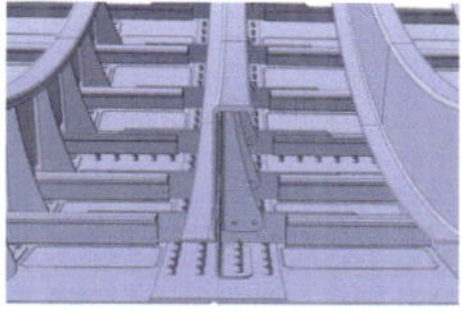

(c) Detail 2

Abbildung 5.8: CATIA-Ausgabe einer Beispiel-Rumpfstruktur

Eingabe-Werte			
r1A	2000 mm	nPanelX	2
r2A	1800 mm	nPanelZ	2
hA	300 mm	xA	0 mm
zA	−1400 mm	tSK1	1,2 mm
pFrame	220 mm	nFrame	7
pStringer	160 mm	nStringer	7
SizeCodeStringer	100	SizeCodeFrame	100
Ausgabe-Werte			
Section 1	19,24 kg	Panel 0	3,46 kg
Panel 1	4,00 kg	Panel 2	5,92 kg
Panel 3	5,26 kg	Rivets	0,60 kg

Tabelle 5.1: Modellinformationen für eine Variante der Rumpfstruktur

5.3 Massenbestimmung und Validierung

Der komplexe Aufbau des in Abschnitts 5.2 beschriebenen Modells wird für die Validierung der entwickelten dimensionslosen Gleichungen etwas reduziert. Das Aktivitätsdiagramm in Abbildung 5.9 zeigt, wie zwischen Start- und Endknoten die verschiedenen Transformationsschritte in Richtung der Kontrollflüsse nacheinander durchlaufen werden.

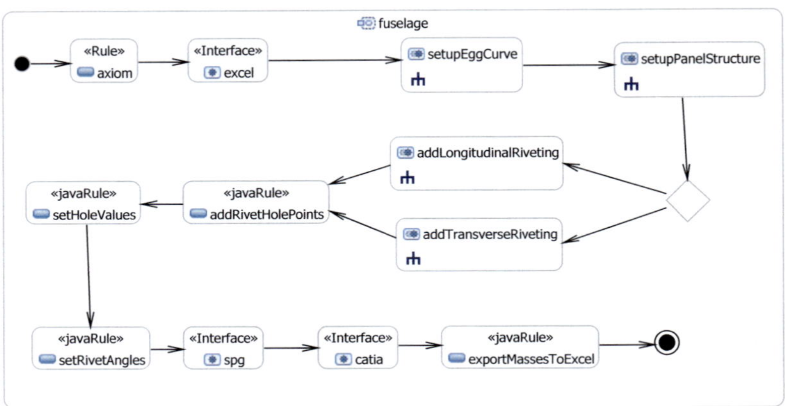

Abbildung 5.9: Aktivitätsdiagramm zur Beschreibung des Transformationsprozesses für den Aufbau von vernieteten Strukturverbindungen

Aufbauend auf der Beschreibung der Eikurve werden einzelne „Panels" generiert, die über genietete Längs- oder Quernähte verbunden werden. Neben den Entwurfsregeln enthält der Transformationsprozess auch vorgefertigte Aktivitäten zur Übertragung von Entwurfsdaten zwischen dem Entwurfscompiler und weiteren, externen Programmen. So können die in die Auslegung eingehenden Parameter in Excel (siehe Abbildung 5.10) verwaltet werden, die Auswertung des analytischen Modells durch ein Computeralgebrasystem angestoßen und das CAD-System zur Erzeugung und Auswertung der Geometrie angebunden werden.

	A	B	C
1	**Panel Generation - Input Parameters**		
2			
3	**Egg Curve**		**[mm]**
4	Radius "Height Circle"	*r1A*	1975
5	Radius "Width Circle"	*r2A*	1926
6	Distance of circle centers	*hA*	240
7	Approximation steps per 180°	*nSteps*	45
8			
9	**Repetitions in x-direction**	*repeatX*	1
10	**Complement half-tun**	*halfTun*	no
11	**Mirror panels in -y direction**	*mirror*	no
12	**Panel/Tun dimensions**		**[mm]**
13	Tun start x-coordinate	*xStart*	0
14	Tun length x-direction	*xLength*	500
15	Start arc position	*arcStart*	0
16	Panel overlap arc length	*arcOverlap*	59,55
17	X Connection overlap per panel	*xOverlap*	59,55
18	Panel thickness	*thickness*	1,2
19			

Input

Abbildung 5.10: Auszug aus der Steuerungsdatei für die Eingabeparameter

Beim Aufbau des Modells werden die Verbindungen in Längsrichtung als Überlappungsnietung und in Querrichtung als Laschennietungen ausgeführt. Weil dabei jeweils unterschiedliche Entwurfsregeln zum Einsatz kommen, verzweigt sich der Prozess an entsprechender Stelle zum jeweiligen Unterprogramm, das wiederum aus einer Abfolge von Entwurfsregeln und weiteren Aktivitäten besteht und gleichermaßen in Form eines Aktivitätsdiagramms beschrieben wird.

Den für die Generierung der Eikurvenbeschreibung relevanten Prozess zeigt Abbildung 5.11. Nach der Erzeugung der Instanzen für die Stützpunkte werden diese gemäß der im Klassendiagramm beschriebenen Assoziationen miteinander verbunden. Anschließend werden die Koordinaten der Stützpunkte von einem Computeralgebrasystem berechnet und für den weiteren Transformationsprozess als konstant markiert. Schließlich wird ein Programm zur Approximation von Zwischenpunkten initialisiert, das bei der späteren Erzeugung der Geometriedaten aus Java-Regeln heraus verwendet wird.

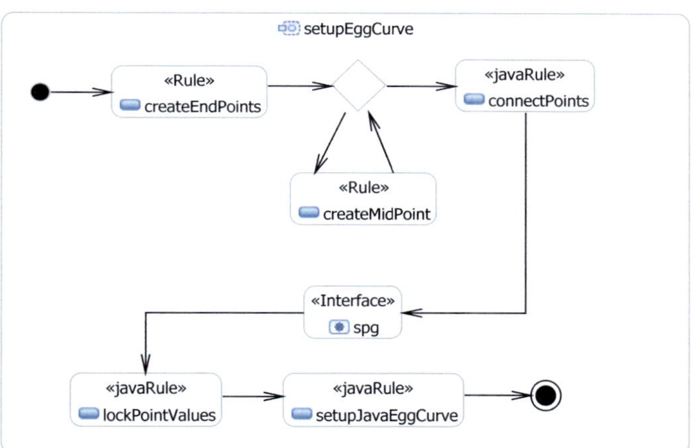

Abbildung 5.11: Aktivitätsdiagramm zur Beschreibung des Prozesses zur Erzeugung der Eikurve

Die ersten beiden Regeln des Unterprogramms werden dabei grafisch in UML definiert. Abbildung 5.12 zeigt beispielhaft die Regel createEndPoints als grafisches Schema, das aus zwei Objektdiagrammen besteht. Dabei enthält der linke Teil als If-Seite Instanzen, die im Modell gesucht werden. Der rechte Teil der Regel bestimmt die Transformation der gefundenen Instanzen. Entsprechend werden Elemente, die nur in einem der Diagramme

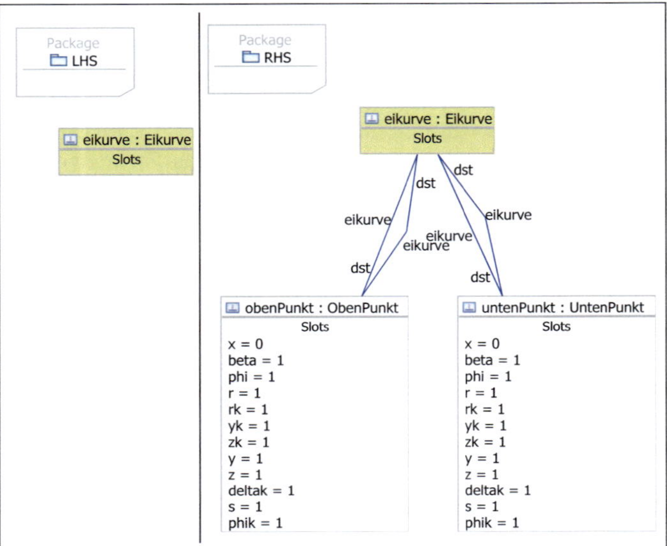

Abbildung 5.12: Grafische Definition einer Regel in UML

auftreten, während der Transformation hinzugefügt oder gelöscht. In der dargestellten Regel createEndPoints werden zunächst Instanzen mit dem Namen eggCurve gesucht, die vom Typ EggCurve sind. Anschließend wird für jede Fundstelle im Modell jeweils eine Stützpunkt-Instanz der Klassen TopPoint und BottomPoint erzeugt und über Assoziationen mit der gefundenen EggCurve-Instanz verbunden. Da zum Zeitpunkt der Regelausführung genau eine Instanz mit den gesuchten Eigenschaften im Modell existiert, wird diese Regel dementsprechend einmal angewendet. Die darauffolgende Regel createMidPoint hingegen wird mehrmals abgearbeitet. Mit ihr werden gemäß der geforderten Anzahl an Stützpunkten Instanzen der Klasse IntermediatePoint erzeugt und ebenfalls mit der zentralen EggCurve-Instanz assoziiert. Damit die bei den verschiedenen Stützpunkt-Klassen hinterlegten Gleichungen ein lösbares Gleichungssystem ergeben, werden in der Regel connectPoints die Stützpunkt-Instanzen untereinander verbunden und so die im Klassendiagramm festgelegten Abhängigkeiten aufgelöst.

Das Aktivitätsdiagramm für den Aufbau der „Panels“ ist in Abbildung 5.13 (a) und das Klassendiagramm, das den topologischen Aufbau der äußeren Rumpfstruktur zeigt, in Abbildung 5.13 (b) dargestellt. Die zu verbindenden Komponenten werden als benachbarte Mantelflächensegmente eines Zylinders modelliert. Die abstrakte Beschreibung eines solchen Segments findet sich in der Klasse Panel. Diese ist mit einer verketteten Liste assoziiert, deren Elemente jeweils einen Referenzpunkt der Eikurve oder einen zusätzlich erzeugten Zwischenpunkt referenzieren. Sie stehen für Stützpunkte, anhand derer im CAD-System der für das jeweilige „Panel“ benötigte Ausschnitt der Eikurve approximiert wird. Da die Verbindungen in Umfangsrichtung als Laschennietung ausgeführt werden, existiert für die Lasche eine zusätzliche Klasse XConnButtStrap. Die Instanzen der Klasse Panel können unter Verwendung des Entwurfsmusters Kompositum [35] mit Instanzen vom Typ PanelConnection zu einer Baumstruktur verbunden werden. Damit kann über die Oberklasse CurvedSurface entweder ein einzelnes Blatt, d. h. eine Instanz der Klasse Panel, oder der Wurzelknoten einer Verbindungshierarchie einheitlich referenziert werden. Die Verbindungsinstanzen stellen Nietverbindungen in Umfangs- oder Längsrichtung dar, die konkret in Form der von PanelConnection erbenden Klassen ArcConnection und XConnection modelliert sind.

5.3.1 Belastung der Rumpfnähte

Für Flugzeugstrukturen sind je nach Koordinaten der Bauteile im flugzeugeigenen System verschiedene Lastfälle dimensionierend. Eine schematische Belastungskarte zeigt diesen Sachverhalt an einem Airbus-Flugzeugrumpf [51]. Eine Auflistung aller Lastfälle ist in Airbus-Dokumenten des Typs „Stress Analysis Data“ [2] für verschiedene Flugzeugmuster zu finden. Es wird an dieser Stelle nicht weiter auf die Ermittlung von genauen äußeren Lasten für die Strukturdimensionierung eingegangen, da bei den Flugzeugherstellern eigene Fachabteilungen existieren, die diese gegebenenfalls zuliefern [111].

Die Dimensionierung von Flugzeuglängsnähten erfolgt in fast allen Fällen nach dem Lastfall *Doppelter Kabineninnendruck* ($2\,\Delta p$). Bei Quernähten hingegen hängt der dimensionierende Lastfall von der Nahtposition ab, wobei auch hier häufig der Dimensionierung der Lastfall $2\,\Delta p$ zugrunde liegt. Resultierende Lasten eines unter Innendruck stehenden Behälters können einfach berechnet werden und werden für die Bestimmung einer überschlägigen Belastung auf die Rumpfnähte herangezogen.

Der Kabineninnendruck eines Passagierflugzeugs entspricht dem Druck auf einer Flughöhe von 6000 ft [29], welcher, berechnet nach der barometrischen Höhenformel [26] (Gleichung (5.1)) mit den definierten Werten für die Standardatmosphäre [107], einen Wert von $p_\mathrm{K} = 0{,}812\,\mathrm{bar}$ ergibt.

$$p = p_0 \left(1 - \frac{n-1}{n} \, \frac{g}{R\,T_0} \, (H - H_0)\right)^{\frac{n}{n-1}} \tag{5.1}$$

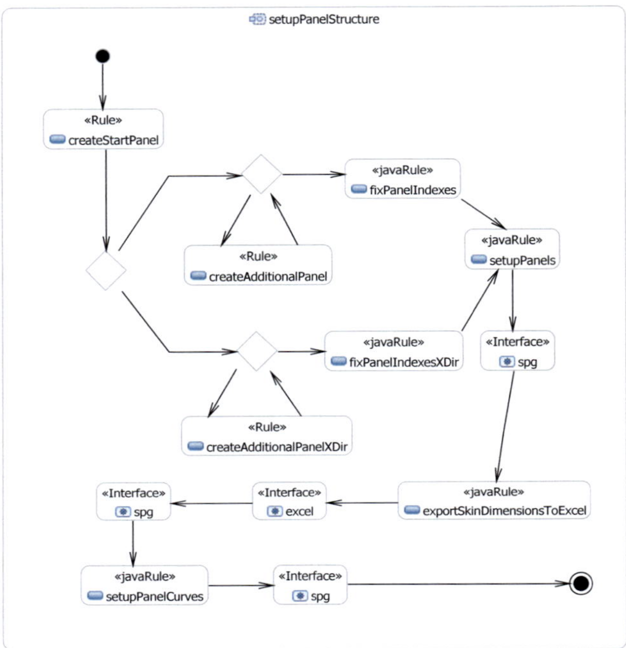

(a) Aktivitätsdiagramm des Panelaufbaus

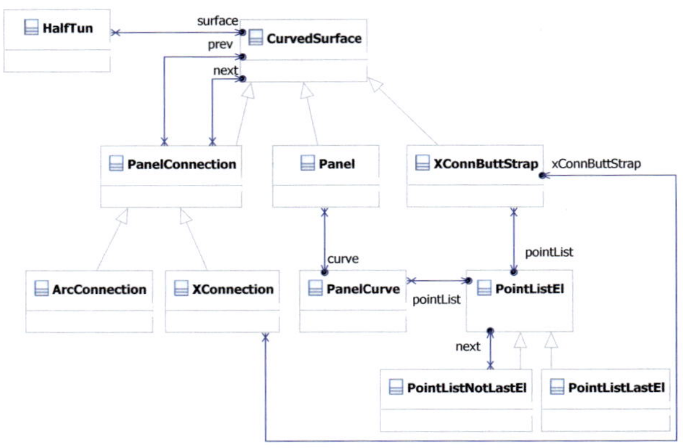

(b) Ausschnitt Klassendiagramm

Abbildung 5.13: Beschreibung des Auf- und Zusammenbaus der „Panels“

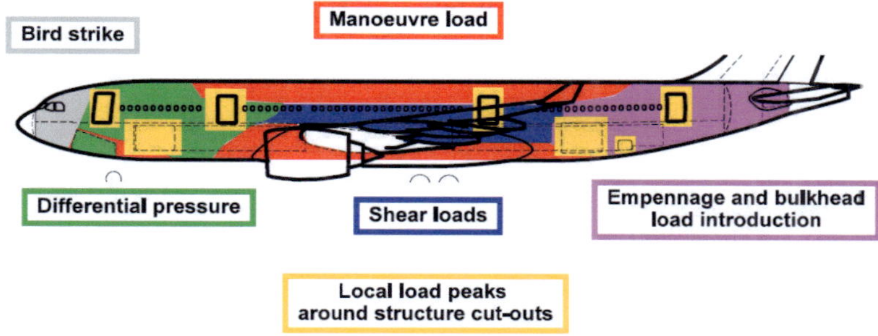

Abbildung 5.14: Schematische Darstellung dimensionierender Lastfälle an einem Flugzeugrumpf [51]

Für die Reiseflughöhe wird nach GOOS [29] mit einem Wert von 43000 ft gerechnet. Dies entspricht einem Außendruck von $p_\mathrm{A} = 0{,}161\,\mathrm{bar}$. Die im Betrieb auftretende Druckdifferenz ist demnach

$$\Delta p = p_\mathrm{K} - p_\mathrm{A} = 0{,}651\,\mathrm{bar}. \tag{5.2}$$

Nach der Zulassungsvorschrift CS-25 Paragraf 25.365 [22] ist die Struktur der Kabine nicht auf den auftretenden Differenzdruck auszulegen, sondern auf den Druck, bei dem ein Sicherheitsventil auslöst. Der Luftaustausch wird über ein sogenanntes „Outflow Valve" gewährleistet. Blockiert dieses Ventil, muss eine Beschädigung der Struktur verhindert werden, welches durch die Auslösung eines Sicherheitsventils bei einer Druckdifferenz von $\Delta\, p_\mathrm{SV} = 0{,}015\,\mathrm{bar}$ [29] zum normalen Betriebsniveau gewährleistet wird. Nach CS 25.365 (d) ist der Differenzdruck, bei dem das Sicherheitsventil auslöst, mit einem Faktor 1,33 zu belegen.

Mit dem Sicherheitsfaktor $j = 1{,}5$ ergibt sich die dimensionierende Belastung von

$$\Delta p_\mathrm{ges} = 1{,}5 \cdot 1{,}33\ (\Delta p + \Delta p_\mathrm{SV}) \approx 2\ (\Delta p + \Delta p_\mathrm{SV}) \approx 1{,}329\,\mathrm{bar}. \tag{5.3}$$

Die Haut des Flugzeugrumpfes als geschlossener Druckkessel nimmt die Umfangszugkräfte als Membran auf. Infolge des Innendrucks auf die Fläche $A_\mathrm{t} = b\, d_\mathrm{R}$ ergibt sich die Kraft $F_\mathrm{t} = \Delta p_\mathrm{ges}\, b\, d_\mathrm{R}$. Für die tangentiale Spannung σ_t in einer Längsnaht wird diese Kraft auf die Materiallängsfläche bezogen.

$$\sigma_\mathrm{t} = \frac{\Delta p_\mathrm{ges}\, d_\mathrm{R}}{2\, t} \tag{5.4}$$

Durch den Innendruck in radialer Richtung auf die wirksame Fläche $A_\mathrm{r} = (\pi/4)\ d_\mathrm{R}^2$ ergibt sich die Kraft $F_\mathrm{r} = (\pi/4)\ \Delta p_\mathrm{ges}\, d_\mathrm{R}^2$. Mit der Näherungsformel für die Fläche eines Kreisringquerschnitts $A \approx \pi\, d_\mathrm{R}\, t$ berechnet sich die Spannung in der Quernaht mit Gleichung (5.5). Die angreifende Streckenlast ergibt sich aus der Multiplikation der Spannung mit der Hautdicke t.

$$\sigma_\mathrm{r} = \frac{\Delta p_\mathrm{ges}\, d_\mathrm{R}}{4\, t} \tag{5.5}$$

In Tabelle 5.2 sind die Daten zusammengefasst, sowie die Zahlenwerte eingesetzt. Beispielhaft wird der Rumpfquerschnitt eines Airbus A320 verwendet, der annähernd als Kreis betrachtet werden kann.

Durchmesser in m	Differenzdruck in bar	Verbindungstyp -	Streckenlast in N/mm
3,95	1,329	Längsnaht	262,5
3,95	1,329	Quernaht	131,3

Tabelle 5.2: Maximale Belastung der Längs- und Quernähte durch Kabineninnendruck („Ultimate Load“)

5.3.2 Vergleich der Gewichte

Mit dem in Abschnitt 5.3 beschriebenen Modell zur Geometrieerzeugung werden für Variationen der Eingabeparameter Berechnungen für Überlappungs- und Laschenverbindungen (Längs- und Quernähte, siehe auch Abbildung 5.15) durchgeführt, die einen quantitativen Vergleich zwischen den analytischen Minimalgewichtsfunktionen und den berechneten Compiler-Ergebnissen zulassen.

Der erzeugte Entwurf auf Basis der analytischen Gewichtsfunktionale enthält zusätzliche Fertigungsrandbedingungen wie reale Nietdurchmesser und Hautdicken. Für die Niete kann zwischen einem Aluminiumvollniet [108] oder einem Titanpassniet [58] plus Schließring [64] gewählt werden. Dazu sind die Parameter der Normen mit Zahlenwerten im Modell hinterlegt. Die Blechdicke wird auf Basis der Norm [66] gesetzt. Mit der ermittelten Belastungsinformation aus Abschnitt 5.3.1 können somit Modellgrenzen aufgezeigt werden, da oberhalb bestimmter Belastungen keine Werte aus den Normen existieren und demnach keine Zuweisung möglich ist. Die berechneten Werte der dimensionslosen Kennzahlen aus dem Geometriemodell werden den analytischen Funktionen für eine zwei- bzw. dreireihige Überlappungsnietverbindung in Abbildung 5.16 (a) und für eine zwei- bzw. dreireihige Laschenverbindung in Abbildung 5.16 (b) gegenübergestellt.

Für jede der dargestellten Strukturverbindungen aus Abbildung 5.16 bilden die analytischen Funktionale das theoretisch minimal mögliche Ge-

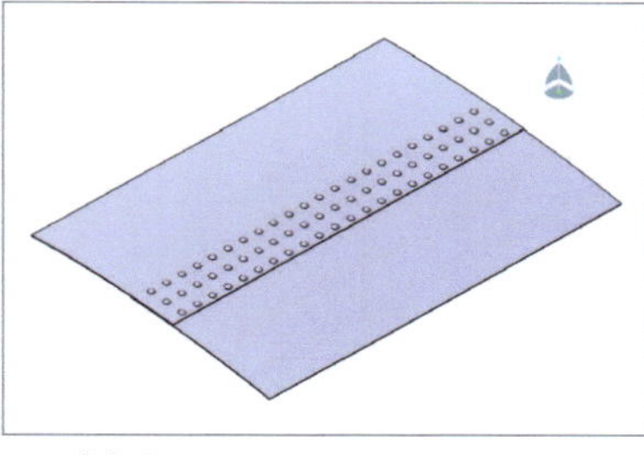

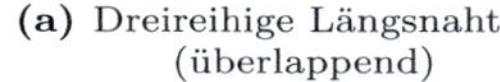

(a) Dreireihige Längsnaht (überlappend)

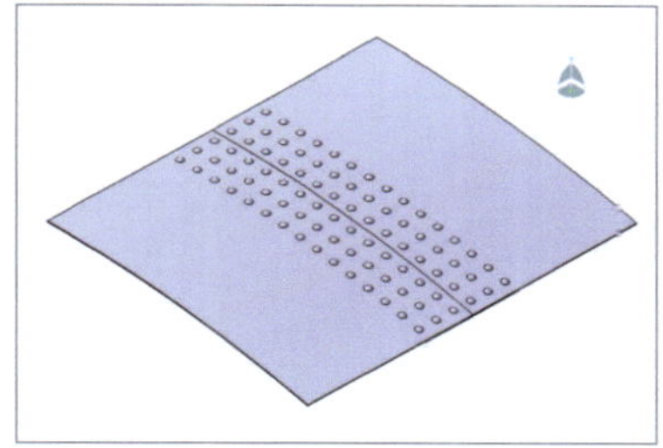

(b) Dreireihige Quernaht (stumpf)

Abbildung 5.15: CATIA-Modelle von vernieteten Rumpfschalen

wicht dieser Verbindung beim Einsatz einer bestimmten Fügetechnik ab (hier: Nieten, Variation der Nietreihenanzahl). Durch die Hinzunahme bestimmter ausgewählter Randbedingungen liegen alle erzeugten Wertepaare der dimensionslosen Kennzahlen (π_B, π_A) aus dem Geometriemodell leicht oberhalb der Minimalfunktionen. Durch die sprunghafte Veränderung der expliziten Werte aufgrund der Auswahl der Hautdicken und Nietdurchmesser durch festgelegte Normen, können Ergebnisse bei unterschiedlichen π_B bei nahezu ähnlichem oder bei stark unterschiedlichem π_A zum Liegen kommen. Das Differenzgewicht der Geometrie zum analytischen Modell ist bei den Laschenverbindungen im Vergleich zu den Überlappungsverbindungen etwas höher, da die doppelte Laschenlänge, multipliziert mit der aus der Norm festgelegten Hautdicke und der Breite, in die Gewichtsberechnung eingeht.

Die Gegenüberstellung der Gewichtsergebnisse in einem Diagramm mittels der dimensionslosen Kennwerte π_A versus π_B aus den theoretischen Funktionalen und aus dem Geometriemodell kann grundsätzlich zur Validierung der entwickelten minimalen Gewichtsfunktionale für Strukturverbindungen herangezogen werden. Damit besteht die Möglichkeit, theoretisch vereinfachte analytische Modellvorstellungen durch die Ergänzung beliebiger Randbedingungen an reale Prozesse anzupassen. Die Methodik der Verwendung dimensionsloser Kennzahlen schafft somit die Basis für eine regelbasierte Entwurfsunterstützung, die in einem nächsten Schritt durch die Implementierung der um Randbedingungen erweiterten Gewichtsfunktionale für eine automatisierte Zuweisung von gewichtsminimalen Fügetechniken für definierte Input-Parameter (π_B) im Flugzeugvorentwurf eingebunden werden kann.

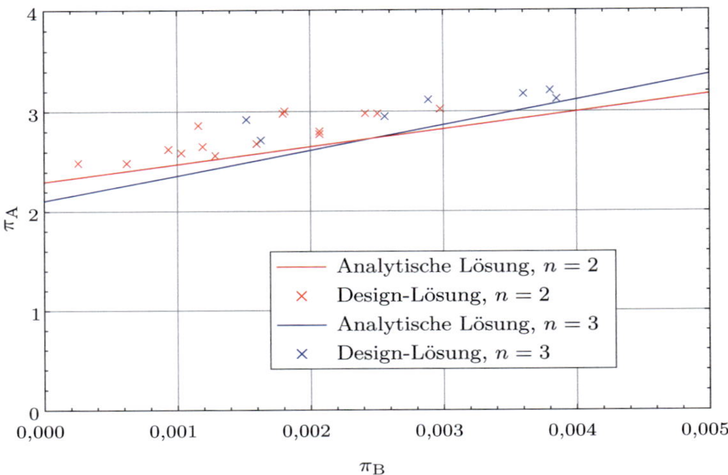

(a) Validierungsrechnung für eine zwei- und dreireihige Überlappungsnietverbindung

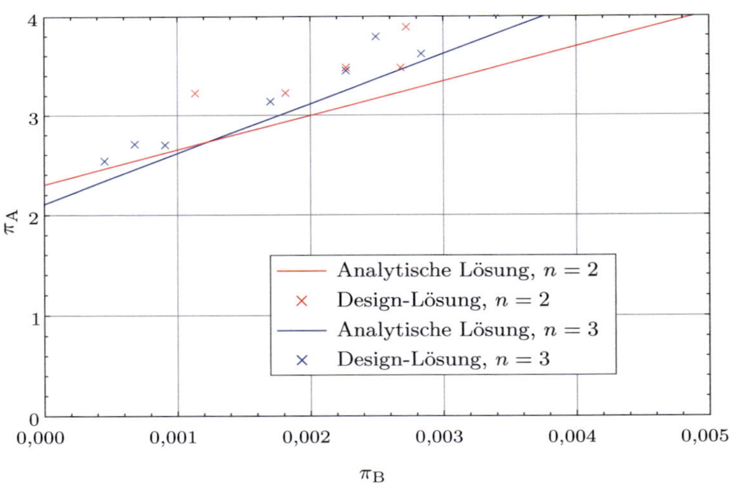

(b) Validierungsrechnung für eine zwei- und dreireihige Laschennietverbindung

Abbildung 5.16: Validierungsrechnungen der dimensionslosen Gewichtsfunktionale für Überlappungs- und Laschennietverbindungen

6 Zusammenfassung

Die Entwurfsaufgabe bei Verkehrsflugzeugen nach den gültigen Zulassungsvorschriften umfasst die Einhaltung der Anforderungen für eine spezifizierte Flugmission (Nutzlast, Reichweite u. a.) bei bestmöglicher Erfüllung ein oder mehrerer Entwurfsziele (z. B. geringes Gewicht, geringe Kosten). Die berechneten Entwurfsparameter (Betriebsleermasse, Kraftstoffmasse u. a.) aus der Vorentwurfsphase werden in den unterschiedlichen Fachabteilungen zur Detailkonstruktion weiterverwendet. Es sind optimale Vorgaben anzustreben, um weitreichende negative Effekte mit einer möglichen Rückwirkung auf den kompletten Entwurf und damit verbundenen hohen Änderungskosten zu vermeiden. Deshalb ist auch die Notwendigkeit und Bedeutung möglichst genauer Verfahren zur Gewichtsprognose im Flugzeugvorentwurf strategisch unbestritten.

Die aktuellen empirischen oder halbempirischen Formeln für die Massenabschätzung resultieren aus Daten existierender Flugzeuge und spiegeln damit auch implizit die Technologie der in dieser Datenbank enthaltenen Flugzeuge wider. Sie liefern bei Änderung der Konfiguration und Bauweise sowie beim Einsatz anderer Materialien im Vergleich zu den bestehenden Mustern keine zufriedenstellenden Ergebnisse von Gewichtsprognosen. Infolgedessen nutzen neuere Ansätze verstärkt den Einsatz von analytischen und/oder numerischen Verfahren.

Für eine analytische Strukturoptimierung müssen gegebene Randbedingungen (z. B. Festigkeits-, Steifigkeits- oder Stabilitätsbedingung) in der Weise ausgedrückt werden, dass ein direkter Zusammenhang zwischen dem Zielparameter (Gewicht) und den Restriktionen derart vorliegt, dass beim Vergleich verschiedener Strukturen auf Basis dieses Ansatzes die gewichtsminimalste Bauweise ohne Berücksichtigung möglicher konkurrierender Zielfunktionen identifiziert werden kann. Weiterhin bietet sich bei diesen Optimalitätsverfahren die Verwendung des *Strukturkennwerts* nach Wiedemann [112] an, der die äußere Last auf die Geometrieparameter bezieht und die Einheit einer Spannung besitzt.

Für eine möglichst differenzierte Sichtweise wird das Strukturgewicht in den Anteil „Optimum-Weight“, das minimalste Gewicht bei gegebener Belastung und den Anteil „Non-Optimum-Weight“ getrennt, welcher aus praktischen Konstruktionsaspekten resultiert und die Strukturverbindungen als Hauptgewichtstreiber beinhaltet. Die dabei auftretenden Ineffektivitäten aufgrund von Verbindungen durch die Multiplikation mit einem konstanten Faktor des optimalen Gewichtsanteils zu berücksichtigen ist jedoch weitaus zu ungenau und deshalb nicht zielführend.

Die Airbus Deutschland GmbH setzt als Massenprognosewerkzeug für eine Abschätzung der Struktur in einer frühen Entwurfsphase u. a. ein Softwarewerkzeug ein [110], bei dem für den Aufbau parametrisch-assoziativer Geometrie- und FE-Modelle das CAD/CAE-System Catia V5 verwendet wird. Dazu werden geeignete FE-Idealisierungen und Dimensionierungsverfahren für die Primärstruktur implementiert. Für die in den Modellen nicht berücksichtigten Massenanteile müssen Gewichtsfunktionen ermittelt und in einem gesonderten Gewichtsableitungsprozess die Massenbestimmung durchgeführt werden.

6.1 Ergebnisse

Die in dieser Arbeit vorgestellte neuartige Methodik zur Gewichtsabschätzung von Strukturverbindungen in einer frühen Phase des Flugzeugvorentwurfs bietet die Möglichkeit, das Gewicht bzw. die Masse von Verbindungen verschiedener, auch neuartiger Fügeverfahren und Werkstoffe zu beschreiben und einem objektiven Bewertungsprozess zur Auswahl gewichtsminimaler Lösungen zu unterziehen.

Konkret werden hierfür anhand eines reduzierten Strukturmodells für die analytische Beschreibung von typischen Längs- und Querverbindungen im Flugzeugbau (inklusive hypothetischer Vereinfachungen) und unterschiedlichen Fügeverfahren und Materialien Gewichtsfunktionale entwickelt. Dabei wird durch Hinzunahme der gefügten Bauteilbereiche, also einer konkreteren Aufschlüsselung in Bauteilsubelemente, die Gewichtsprognosemöglichkeit verfeinert. Die Forderung nach physikalisch basierten, aber einfachen Gleichungen für den Vorentwurf und der Trennung der nicht-optimalen Gewichtsfaktoren vom optimalen Gewichtsanteil wird berücksichtigt. Durch die Einführung des dimensionsbehafteten *Strukturkennwerts* nach WIEDEMANN [112] werden die Problemstellungen von den Effekten der äußeren Geometrieparameter getrennt.

Durch die Nutzung des formalen ähnlichkeitsmechanischen Ansatzes des Pi-Theorems von BUCKINGHAM [14] werden aussagekräftige Kennzahlen für einen Bewertungsvorgang gewonnen. Die Massengleichung kann in einem dimensionslosen dreidimensionalen Raum projiziert werden, wobei eines der herausgebildeten Potenzprodukte einem *dimensionslosen Strukturkennwert* entspricht. Die mittels der Ähnlichkeitsmechanik aus der Gewichtsgleichung abgeleiteten dimensionslosen Kenngrößen *gewichtlicher Wirkungsgrad* und *dimensionsloses Zusatzgewicht* stellen die Fähigkeit zur Bewertung von Strukturverbindungen für verschiedene Belastungsbereiche sicher, in welchen abschnittsweise die definierte *Optimalfunktion* den jeweils idealsten Strukturentwurf aufzeigt. Die Bündelung von Parametern in dimensionslosen Kennzahlen ermöglicht allgemeingültigere Aussagen und eine Veranschaulichung in kompakten Diagrammen.

Abschließend wird gezeigt, dass der Einsatz einer Entwurfssprache den Aufbau geometrischer Rumpfstrukturen in einem Detaillierungsgrad bis hin zu den gefügten Bauteilabschnitten ermöglicht. Die Dekomposition in die einzelnen Bauteilklassen ist angelehnt an eine reale Metallflugzeugrumpfsektion und deren Strukturkomponenten. Über globale Eingabeparameter und der zugrunde gelegten mathematischen Beschreibung des Rumpfquerschnitts mittels einer Eikurve können beliebige konsistente Modellvarianten aufgebaut werden. Die Reduzierung des Modells auf Längs- und Quernähte dient zur Validierung der entwickelten Gewichtsgleichungen und zeigt numerische Übereinstimmung der abgeleiteten analytischen Prognosemodelle mit den detaillierten CAD-Geometrien.

6.2 Ausblick

Die primäre Intention dieser Arbeit liegt auf der Bereitstellung einer allgemeingültigen Verfahrensweise für die Gewichtsabschätzung von Strukturverbindungen, weshalb diese an ausgewählten Verbindungstypen und Fügeverfahren vorgestellt wird, die um beliebige weitere Verbindungselemente (Schubbleche, Kupplungen u. a.) ausgebaut werden kann.

Das durch die Entwurfssprache generierte Geometriemodell der Flugzeugrumpfstruktur ist prinzipiell multidisziplinär einsetzbar und erlaubt die Erweiterung der Prozesskette um den Anschluss an eine FE-Berechnung, mittels derer eine automatisierte Dimensionierung der Struktur möglich ist und damit u. a. die Ansteuerung der globalen Eingabeparameter für die Geometrieerzeugung ermöglicht.

Durch das abgeleitete dimensionslose Entwurfswissen und die Randbedingungen, die als dimensionslose Kennzahlen eingehen, können gute erste Entwurfsentscheidungen in den frühen Phasen eines Entwicklungsprozesses durch eine regelbasierte Entwurfserzeugung erreicht werden. Die in [92] vorgestellte Methodik für einen rechnergestützten Entwurf zur Unterstützung der Massenabschätzung kann hierfür zukünftig in weiteren Detaillierungsgraden ausgearbeitet werden.

Literaturverzeichnis

[1] Airbus (Hrsg.): *Data Basis for Design.* – Firmenschrift

[2] Airbus (Hrsg.): *Stress Analysis Data.* – Firmenschrift

[3] Arbeitskreis Masseanalyse (Hrsg.): *Luftfahrttechnisches Handbuch : Band Masseanalyse.* 2008

[4] Ashby, Michael F.: *Materials Selection in Mechanical Design.* Amsterdam : Elsevier, 2005

[5] Balzert, Heide: *UML 2 kompakt.* Heidelberg : Spektrum Akademischer Verlag, 2010

[6] Bansemir, Horst: Spannungsverteilungen von ein- und mehrschnittigen Klebverbindungen. In: *Landshuter Leichtbau-Colloquium* (2009), S. 227–240

[7] Beilstein, Laura ; Airbus (Hrsg.): *FEMMAS : Weight Derivation Rules for Interfaces.* 2009. – Firmenschrift

[8] Beilstein, Laura ; Drechsler, Klaus ; Society of Allied Weight Engineers, Inc. (Hrsg.): *A methodology of weight prediction for joints in aircraft design.* 2007. (SAWE Paper No. 3405)

[9] Beilstein, Laura ; Drechsler, Klaus ; Rudolph, Stephan: *Methodology of Weight Prediction of Structural Interfaces at Preliminary Design Phase.* Bristol, 2009. – Poster at Airbus PhD Day

[10] Beilstein, Laura ; Drechsler, Klaus ; Rudolph, Stephan ; DGLR (Hrsg.): *Gewichtsabschätzungen von geklebten und geschweißten Strukturverbindungen im Flugzeugvorentwurf.* 2010. (DocumentID: 161159)

[11] Beilstein, Laura ; Mutschler, Florian ; Rudolph, Stephan ; Drechsler, Klaus ; DGLR (Hrsg.): *Eine Methodik zur Gewichtsabschätzung von Verbindungselementen im Flugzeugvorentwurf.* 2009. (DocumentID: 121189)

[12] Breiing, Alois ; Knosala, Ryszard: *Bewerten technischer Systeme : Theoretische und methodische Grundlagen bewertungstechnischer Entscheidungshilfen.* Berlin : Springer, 1997

[13] Bronstein, Ilja N. ; Semendjajew, Konstantin A. ; Musiol, Gerhard ; Mühlig, Heiner: *Taschenbuch der Mathematik*. Frankfurt am Main : Harri Deutsch, 2008

[14] Buckingham, Edgar: On Physically Similar Systems; Illustration of the Use of Dimensional Equations. In: *Physical Review* (1914), Nr. 4, S. 345–376

[15] Campanile, Flavio: Weight optimisation of hinges for light mechanisms: criteria and design aspects. In: *Structural and Multidisciplinary Optimization* (2004), Nr. 28, S. 206–213

[16] Cox, Hugh L.: *The design of structures of least weight*. Oxford : Pergamon Press, 1965

[17] Currey, Norman S.: *Aircraft landing gear design : principles and practices*. Washington, D.C. : AIAA, 1988

[18] Degischer, Hans P. (Hrsg.) ; Lüftl, Sigrid (Hrsg.): *Leichtbau : Prinzipien, Werkstoffauswahl und Fertigungsvarianten*. Wiley-VCH, 2009

[19] Dörner, Heiner ; Balz, Willi (Hrsg.): *Drei Welten - Ein Leben : Prof. Dr. Ulrich W. Hütter*. Wolfschlugen, 2009

[20] Drechsler, Klaus: *Werkstoffe und Fertigungsverfahren der Luft- und Raumfahrttechnik*. Stuttgart, 2010. – Vorlesungsmanuskript

[21] Dugas, Michael: *Ein Beitrag zur Auslegung von Faserverbundtragflügeln im Vorentwurf*. Stuttgart, Universität Stuttgart, Diss., 2002

[22] EASA (Hrsg.): *Certification Specifications for Large Aeroplanes CS-25*. Brüssel, 2006

[23] Engmann, Klaus: *Technologie des Flugzeuges*. Würzburg : Vogel, 2009

[24] Fahrenwaldt, Hans J. ; Schuler, Volkmar: *Praxiswissen Schweißtechnik : Werkstoffe, Prozesse, Fertigung*. Wiesbaden : Vieweg+Teubner, 2009

[25] Federal Aviation Administration (Hrsg.): *Metallic Materials Properties Development and Standardization (MMPDS)*. Springfield, 2003. (DOT/FAA/AR-MMPDS-01)

[26] Frohn, Arnold: *Einführung in die technische Thermodynamik*. Stuttgart : Wittwer, 1998

[27] FUHR, Jan-Philipp: *Erstellung einer Entwurfssprache zur regelbasierten Generierung von Flugzeugrumpfsektionen.* Stuttgart, Universität Stuttgart, Studienarbeit, 2010

[28] GAO, Xing: *Systematik der Verbindungen : ein Beitrag zur Konstruktionsmethodik.* Aachen, Technische Hochschule Aachen, Diss., 1983

[29] GOOS, Jörn: *Fuselage Design - CFRP Aspects.* Stuttgart, 2008. – Airbus-Entwurfskolloquium

[30] GÖRTLER, Henry: *Dimensionsanalyse : Theorie der physikalischen Dimensionen mit Anwendungen.* Berlin : Springer, 1975

[31] GREITMANN, Martin J.: *Fügetechnik : Metallische Werkstoffe.* Stuttgart, 2006. – Vorlesungsmanuskript

[32] GROTH: Lochleibungsfestigkeiten für unbewegliche Verbindungen. In: INDUSTRIE AUSSCHUSS STRUKTUR BERECHNUNG (Hrsg.): *Luftfahrttechnisches Handbuch : Handbuch Struktur Berechnung*

[33] HABENICHT, Gerd: *Kleben : Grundlagen, Technologien, Anwendungen.* Berlin : Springer, 2006

[34] HEIMERDINGER, Christoph: *Laserstrahlschweißen von Aluminiumlegierungen für die Luftfahrt.* Stuttgart, Universität Stuttgart, Diss., 2003

[35] HEROLD, Helmut ; KLAR, Michael ; KLAR, Susanne: *C++, UML und Design Patterns : Grundlagen und Praxis der Objektorientierung.* München : Addison-Wesley, 2005

[36] HOWE, Denis: *Aircraft Loading and Structural Layout.* Blacksburg : AIAA, 2004

[37] HÜRLIMANN, Florian: *Mass Estimation of Transport Aircraft Wingbox Structures with a CAD/CAE-Based Multidisciplinary Process.* Zürich, Eidgenössische Technische Hochschule, Diss., 2010

[38] HÜTTER, Ulrich: Probleme der Krafteinleitung in Glasfaser-Kunststoff-Bauteile. In: *Kunststoffe* 56 (1966), S. 843–846

[39] IILS INGENIEURGESELLSCHAFT FÜR INTELLIGENTE LÖSUNGEN UND SYSTEME MBH (Hrsg.): *The Design Compiler 43.* – `http://www.iils.de/43.htm`

[40] KEILIG, Thomas ; SCHMIDT, Andreas ; DGLR (Hrsg.): *Gewichtsprognose von CFK-Rümpfen für zukünftige Passagierflugzeuge.* 2002. (DGLR-JT2002-160)

[41] KLEIN, Bernd: *Leichtbau-Konstruktion : Berechnungsgrundlagen und Gestaltung.* Wiesbaden : Vieweg, 2007

[42] KLETT, Yves ; DRECHSLER, Klaus ; KEHRLE, Rainer ; FACH, Martin: Cutting Edge Cores : Multifunktionale Faltkernstrukturen. In: *Landshuter Leichtbau-Colloquium* (2009), S. 139–148

[43] KOCIK, Rainer ; VUGRIN, Tamara ; SEEFELD, Thomas: Laserstrahlschweißen im Flugzeugbau: Stand und künftige Anwendungen. In: *5. Laser-Anwenderforum* (2006), S. 15–26

[44] KOLLER, Rudolf: *Konstruktionslehre für den Maschinenbau : Grundlagen zur Neu- und Weiterentwicklung technischer Produkte mit Beispielen.* Berlin : Springer, 1998

[45] KOPOWSKI, Eckart: *Analyse und Konstruktionskataloge fester Verbindungen.* Braunschweig, TU Braunschweig, Diss., 1984

[46] KÜHN, Martin: *Konstruktionselemente der Luft- und Raumfahrttechnik : Nietverbindungen.* Stuttgart, 2008. – Vorlesungsmanuskript

[47] KÜNNE, Bernd: *Einführung in die Maschinenelemente : Gestaltung, Berechnung, Konstruktion.* Stuttgart : Teubner, 1999

[48] LENK, O.: Übersicht über Berechnungsmethoden für Klebeverbindungen. In: ARBEITSKREIS FASERVERBUND-LEICHTBAU (Hrsg.): *Luftfahrttechnisches Handbuch : Faserverbund-Leichtbau*

[49] LILIENTHAL, Otto: *Der Vogelflug als Grundlage der Fliegekunst.* Wiesbaden : Sändig Reprint, 1965

[50] LOFTIN, Laurence K. ; NASA (Hrsg.): *Subsonic Aircraft : Evolution and the Matching of Size to Performance.* Hampton, 1980. (NASA-RP-1060)

[51] LUTSCH, Felix: *Preliminary Aircraft Design.* Stuttgart, 2008. – Airbus-Entwurfskolloquium

[52] MARINOVIC, Zoran N. ; CERRO, Jeffrey A. ; NASA (Hrsg.): *A Procedure for Structural Weight Estimation of Single Stage to Orbit Launch Vehicles.* 2002. (NASA/TM-2002-211931)

[53] MEYBERG, Kurt ; VACHENAUER, Peter: *Höhere Mathematik 1 : Differential- und Integralrechnung, Vektor- und Matrizenrechnung.* Berlin : Springer, 2003

[54] MORO, José M.: *Baukonstruktion : vom Prinzip zum Detail.* Bd. 3 Umsetzung. Berlin : Springer, 2009

[55] Mutschler, Florian: *Eine Methodik zur Gewichtsabschätzung von Verbindungselementen*. Stuttgart, Universität Stuttgart, Diplomarbeit, 2009

[56] Niu, Michael C.-Y.: *Airframe Structural Design*. Hong Kong : Conmilit Press Ltd., 1988

[57] Niu, Michael C.-Y.: *Airframe stress analysis and sizing*. Hong Kong: Conmilit Press Ltd., 2005

[58] Norm ABS 0550 April 2008. *Pin, Swage Locking, Stump Type*

[59] Norm DIN 1313 Dezember 1998. *Größen*

[60] Norm DIN EN ISO 13919-2 Dezember 2001. *Elektronenstrahl- und Laserstrahl-Schweißverbindungen : Teil 2: Aluminium und seine schweißgeeigneten Legierungen*

[61] Norm DIN EN 14610 Februar 2005. *Schweißen und verwandte Prozesse : Begriffe für Metallschweißprozesse*

[62] Norm DIN 1910-100 Februar 2008. *Schweißen und verwandte Prozesse - Begriffe : Teil 100: Metallschweißprozesse mit Ergänzungen zu DIN EN 14610:2005*

[63] Norm DIN 8528 Blatt 1 Juni 1973. *Schweißbarkeit : metallische Werkstoffe, Begriffe*

[64] Norm ASNA 2025 November 2004. *Bush*

[65] Norm DIN 1301-1 Oktober 2002. *Einheiten : Teil 1: Einheitennamen, Einheitenzeichen*

[66] Norm ABS 5043 Oktober 2003. *Aerospace series; Clad sheets, plates and strips; Aluminium alloy 2024*

[67] Norm DIN 8580 September 2003. *Fertigungsverfahren*

[68] Norm DIN 8593-0 September 2003. *Fertigungsverfahren Fügen : Teil 0: Allgemeines*

[69] Oltmann, Kim M. ; Society of Allied Weight Engineers, Inc. (Hrsg.): *Virtual Engineering Models for Aircraft Structure Weight Estimation*. 2007. (SAWE Paper No. 3418)

[70] Pahl, Gerhard ; Beitz, Wolfgang ; Feldhusen, Jörg ; Grote, Karl-Heinrich: *Konstruktionslehre : Grundlagen erfolgreicher Produktentwicklung. Methoden und Anwendung*. Berlin : Springer, 2007

[71] Partin, Lee: *Pi-Theorem for Finding Dimensionless Groups for a Physical System*. 2008. – http://www.maplesoft.com/applications/view.aspx?SID=5630&view=html

[72] PASINI, Damiano: *A New Theory for Modelling the Mass-Efficiency of Material, Shape and Form.* Bristol, University of Bristol, Diss., 2002

[73] PAWLOWSKI, Juri: *Die Ähnlichkeitstheorie in der physikalisch- technischen Forschung.* Berlin : Springer, 1971

[74] PFAFF, Jan-Michael: *Parameterreduktion zur ähnlichkeitsmechanischen Gewichtsprognose im Flugzeugvorentwurf am Beispiel des Tragflügels.* Stuttgart, Universität Stuttgart, Diss., 2008

[75] PHYSIKALISCH-TECHNISCHE BUNDESANSTALT (Hrsg.): *Das Internationale Einheitensystem.* Braunschweig, 2007

[76] RAYMER, Daniel P.: *Aircraft design : a conceptual approach.* Washington, D.C. : AIAA, 1989

[77] RICCIUS, Rolf ; LICHTE, Martin ; FOCKE-WULF GMBH (Hrsg.): *Die Berechnung von Strukturgewichten für den Flugzeugentwurf.* Bremen, 1963. (Bericht 29-63)

[78] Richtlinie VDI 2232 Januar 2004. *Methodische Auswahl fester Verbindungen*

[79] Richtlinie VDI 2229 Juni 1979. *Metallkleben : Hinweise für Konstruktion und Fertigung*

[80] Richtlinie VDI 2222 Blatt 1 Juni 1997. *Konstruktionsmethodik : Methodisches Entwickeln von Lösungsprinzipien*

[81] Richtlinie VDI 2225 Blatt 3 November 1998. *Konstruktionsmethodik: Technisch-wirtschaftliches Konstruieren*

[82] Richtlinie VDI 2014 Blatt 3 September 2006. *Entwicklung von Bauteilen aus Faser-Kunststoff-Verbund : Berechnungen*

[83] ROARK, Raymond J.: *Formulas for Stress and Strain.* New York : McGraw-Hill, 1965

[84] ROSKAM, Jan: *Airplane design : Component weight estimation.* Bd. V. Kansas : DARcorporation, 2003

[85] ROSKAM, Jan: *Airplane design : Preliminary sizing of airplanes.* Bd. I. Kansas : DARcorporation, 2003

[86] ROTH, Karlheinz: *Konstruieren mit Konstruktionskatalogen : Verbindungen und Verschlüsse, Lösungsfindung.* Bd. 3. Berlin : Springer, 1996

[87] ROTH, Karlheinz: *Konstruieren mit Konstruktionskatalogen : Konstruktionslehre.* Bd. 1. Berlin : Springer, 2000

[88] ROTH, Karlheinz: *Konstruieren mit Konstruktionskatalogen : Kataloge.* Bd. 2. Berlin : Springer, 2001

[89] RÖTZER, Isolde: Laserstrahlschweißen macht Flugzeuge leichter. In: *Frauenhofer Magazin* (2004), Nr. 4, S. 36–37

[90] RUDOLPH, Stephan: *Eine Methodik zur systematischen Bewertung von Konstruktionen.* Stuttgart, Universität Stuttgart, Diss., 1994

[91] RUDOLPH, Stephan: *Übertragung von Ähnlichkeitsbegriffen.* Stuttgart, Universität Stuttgart, Habil.-Schr., 2002

[92] RUDOLPH, Stephan ; FUHR, Jan-Philipp ; BEILSTEIN, Laura ; VDI MATERIALS ENGINEERING (EUCOMAS) (Hrsg.): *A validation method using design languages for weight approximation formulae in the early aircraft design phase.* 2010

[93] RUDOLPH, Stephan ; KRÖPLIN, Bernd: Entwurfsgrammatiken - Ein Paradigmenwechsel? In: *Der Prüfingenieur* (2005), Nr. April, S. 34–43

[94] SCHIEDERMEIER, Reinhard: *Programmieren mit Java.* München : Pearson Studium, 2011

[95] SCHMIDBAUER, Hans: Die zeichnerische Darstellung von Bauchflächen. In: *Konstruktion* (1950), S. 257–265

[96] SCHMIDT, Andreas ; LÄPPLE, Martin ; KELM, Roland ; SOCIETY OF ALLIED WEIGHT ENGINEERS, INC. (Hrsg.): *Advanced Fuselage Weight Estimation for the New Generation of Transport Aircraft.* 1997. (SAWE Paper No. 2406)

[97] SCHNEIDER, Wolfgang: *Die Entwicklung und Bewertung von Gewichtsabschätzungsformeln für den Flugzeugentwurf unter Zuhilfenahme von Methoden der mathematischen Statistik und Wahrscheinlichkeitsrechnung.* Berlin, Technische Universität Berlin, Diss., 1973

[98] SCHNELL, Walter ; CZERWENKA, Gerhard: *Einführung in die Rechenmethoden des Leichtbaus.* Mannheim : Bibliographisches Institut, 1970

[99] SCHOLZ, Dieter: *Flugzeugentwurf.* Hamburg, 1999. – Vorlesungsmanuskript

[100] SCHÜRMANN, Helmut: *Konstruieren mit Faser-Kunststoff-Verbunden.* Berlin : Springer, 2007

[101] SHANLEY, Francis R.: *Weight-strength analysis of aircraft structures.* New York : McGraw-Hill, 1952

[102] STEINHILPER, Waldemar ; SAUER, Bernd: *Konstruktionselemente des Maschinenbaus 1 : Grundlagen der Berechnung und Gestaltung von Maschinenelementen.* Berlin : Springer, 2008

[103] TAMS, Paul ; MBB (Hrsg.): *Airbus-Seitenleitwerk in Faserverbundwerkstoff : Entwicklungsaktivitäten im Fachgebiet Konstruktion.* 1980

[104] TIMOSHENKO, Stephen P.: *Theory of elastic stability.* New York : McGraw-Hill, 1961

[105] TORENBEEK, Egbert: *Synthesis of subsonic airplane design : an introduction to the preliminary design of subsonic general aviation and transport aircraft, with emphasis on layout, aerodynamic design, propulsion and performance.* Dordrecht : Kluwer Academic Publ., 1999

[106] TRUCKENBRODT, Erich: *Strömungsmechanik : Grundlagen und technische Anwendungen.* Berlin : Springer, 1968

[107] VOIT-NITSCHMANN, Rudolf: *Einführung in die Luftfahrttechnik.* Stuttgart, 2010. – Vorlesungsmanuskript

[108] Vornorm prEN 6081 November 2005. *Aerospace series; Rivet, universal head*

[109] WAGNER, Herbert ; NACA (Hrsg.): *Remarks on Airplane Struts and Girders under Compressive and Bending Stresses : Index Values.* Washington, 1929. (TM No. 500)

[110] WENZEL, Jörg ; SOCIETY OF ALLIED WEIGHT ENGINEERS, INC. (Hrsg.): *Structural sizing for weight estimation in preliminary aircraft design.* 2007. (SAWE Paper No. 3421)

[111] WENZEL, Jörg: *Massenprognose der Primärstruktur mittels Finite-Elemente Methoden in frühen Phasen der Flugzeugentwicklung.* Magdeburg, Otto-von-Guericke-Universität, Diss., 2010

[112] WIEDEMANN, Johannes: *Leichtbau : Elemente und Konstruktion.* Berlin : Springer, 2007

[113] WITTEL, Herbert ; MUHS, Dieter ; JANNASCH, Dieter ; VOSSIEK, Joachim: *Roloff/Matek Maschinenelemente : Normung, Berechnung, Gestaltung.* Wiesbaden : Vieweg+Teubner, 2009

Nomenklatur

Symbol	**Beschreibung**	**Einheit**
Lateinisch		
A	Querschnittsfläche	m^2
b, B	Breite	m
C	Randabstand	m
$C_\mathrm{L} = R_\mathrm{L}/R_m$	Festigkeitsverhältnis	1
C_LA	relativer Lochabstand	1
C_LD	relativer Lochdurchmesser	1
C_R	Wert zur Bestimmung des Randabstands	1
d	Durchmesser	m
E	Elastizitätsmodul	$\mathrm{N/m^2}$
E_t	Tangentenmodul	$\mathrm{N/m^2}$
F	Kraft	N
G	Gewicht	N
g	Erdbeschleunigung	$\mathrm{m/s^2}$
G_K	Kleberschubmodul	$\mathrm{N/m^2}$
h, H	Höhe	m
I	Trägheitsmoment	m^4
i	Laufindex	1
j	Sicherheitsfaktor	1
j_S	Sicherheitsvielfaches	1
K	Strukturkennwert	$\mathrm{N/m^2}$
k	Steifigkeit	N/m
k	Trägheitsradius	m
$k_1 = k^2/A$	Form-Parameter	1
l	Länge	m
$L_\mathrm{R} = R_m/(\rho\, g)$	Reißlänge	m
m	Masse	kg
m	Schnittigkeit	1
$m = n - r$	Anzahl dimensionsloser Kennzahlen	1
n	Anzahl Nietreihen	1
n	Anzahl dimensbehafteter Größen	1
n	Polytropenexponent	1
P	Nietabstand	m
p	Druck	Pa
p	Linienlast	N/m

Symbol	Beschreibung	Einheit
p	„performance criterion“	1/kg
$\tilde{p}$	„performance index“	m^2/s^2
q_∞	Staudruck der Anströmung	N/m^2
R	spezifische Gaskonstante	J/kg K
r	Radius	m
r	Rang der Dimensionsmatrix	1
R_L	Lochleibungsfestigkeit	N/m^2
R_m	Zugfestigkeit	N/m^2
T	Temperatur	K
t	Dicke	m
u	horizontaler Skalierungsfaktor	1
V	Volumen	m^3
v	vertikaler Skalierungsfaktor	1
x, y, z	Koordinaten	
x_i	dimensionsbehaftete Größe	individuell
z	Anzahl Niete	1
Griechisch		
α	Nietschaftlängenkorrekturfaktor	1
α_{ji}	Dimensionsexponenten in Kennzahl	1
β	Korrekturfaktor	1
γ_{ji}	Dimensionsexponent	1
δ	Durchbiegung	m
η	Wirkungsgrad	1
π_j	dimensionslose Kennzahl	1
ρ	Dichte	kg/m^3
σ	Normalspannung	N/m^2
σ_B	Bruchspannung	N/m^2
σ_L	Lochleibungsdruck	N/m^2
τ	Schubspannung	N/m^2
τ_B	Schubbruchspannung	N/m^2
τ_K	Kleberschubspannung	N/m^2
τ_N	Nietscherspannung	N/m^2
$\tau_{\mathrm{K_m}}$	Kleberschubmittelwert	N/m^2
$\tau_{\mathrm{K_{max}}}$	Kleberschubspitze	N/m^2
$\psi \equiv \mathrm{G}/\mathrm{G_D}$	„shape transformer“	1

Symbol	Beschreibung	Einheit
Abkürzungen und Indices		
1	Blech 1	
2	Blech 2	
allg	allgemein	
CAD	„Computer Aided Design“	
CAE	„Computer Aided Engineering“	
CAS	Computeralgebrasystem	
CFK	Kohlenstofffaserverstärkter Kunststoff	
D	Envelope	
F	Funktionsanforderung	
FKV	Faserkunststoffverbund	
G	Geometrie	
ges	gesamt	
Gew	Gewicht	
GFK	Glasfaserverstärkter Kunststoff	
K	Kleben	
L	Lasche	
M	Material	
max	maximal	
MI	Materialindex	
min	minimal	
N	Niet	
QI	Quasiisotrop	
R	Referenzstruktur	
S	Stumpfstoß	
S	„Shape“	
Sch	Schweißen	
Sk	Strukturkennwert	
UI	Unidirektional	
UML	„Unified Modeling Language“	
Ver	Verbindung	
zul	zulässig	
Ü	Überlappung	

Hinweis: Es sind alle wichtigen Bezeichnungen aufgeführt. Einige Variablen werden direkt an der Stelle, an der sie auftreten, erklärt.

Abbildungsverzeichnis

Tabellenverzeichnis

A Anhang

A.1 Diagramm aus der Literatur

In der Literatur finden sich vereinzelt analytische Ansätze zur Auswahl geeigneter Materialien und Querschnitte für gewichtsminimale Konstruktionen. Exemplarisch ist das Diagramm von COX [16] herausgegriffen.

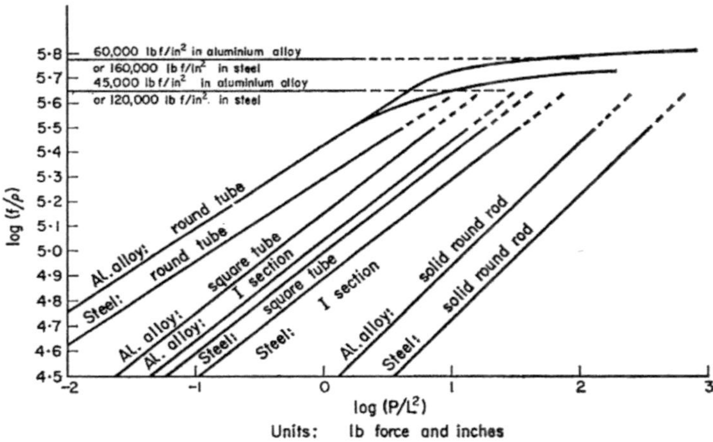

Abbildung A.1: Gewichtsvergleiche von druckbelasteten Stäben verschiedener Querschnitte und Materialien [16]

A.2 Werkstoffdaten

Verwendet werden in dieser Arbeit typische Materialien, wie sie in nachfolgender Tabelle A.1 für Metalle angegeben sind.

Werkstoff	**Dichte** ρ in kg/m^3	**Zugfestigkeit** R_m in N/mm^2
2024-T3	2770	441
Ti-6Al-4V	4430	903
15-5PH	7830	1060

Tabelle A.1: Dichte und Zugfestigkeit von Metallen [25]

Für Faserkunststoffverbunde sind die benutzten Werkstoffkennwerte in Tabelle A.2 zusammengefasst.

Werkstoff	**Dichte** ρ in kg/m^3	**Zugfestigkeit** R_m in N/mm^2
CFK HT UD	1560	3500
CFK HT QI	1560	380
GFK UD	1950	1200

Tabelle A.2: Dichte und Zugfestigkeit von FKV nach Drechsler [20]

A.3 Maple-Programm zur Dimensionsanalyse

Der Quellcode des verwendeten Maple-Programms ist nachfolgend mit einigen Anmerkungen aufgelistet. Die benötigten Eingabegrößen zur Generierung dimensionsloser Kennzahlen sind die relevanten physikalischen Parameter mit den jeweiligen Dimensionsinformationen. Eine konkrete Beispielrechnung erfolgt mittels den Parametern der ungestörten Referenzstruktur (siehe hierzu auch die Kennzahlen aus Gleichung (4.9)).

Initialisierung des Programms

```
> restart;
```

Aufruf des Moduls „Units“

```
> with(Units):
```

Routine Pi-Theorem

```
> GeneratePiTheorem:=proc(f::'name') description "generate a module
   for doing the calcs";
    f:=module()
     description "application module for Pi theorem definition of dimensionless num-
   bers";
      local NumberAcceptedFundamentals, NumberAcceptedParams, NumberUnit-
   lessParams;
      export ParamNames, ParamTypes, Initialize, degrees, Check, fundamentals,
   MatrixUnit, MatrixFundamentals, MatrixParams, UnitlessParams, FindPiGroups,
   Groups, GroupsDef, GroupsLabel, PrintPiGroups, ExcludedFundamentals, Exclu-
   de;
     ParamNames:=table();
     ParamTypes:=table();
     MatrixFundamentals:=table();
     MatrixParams:=table();
     UnitlessParams:=table();
     ExcludedFundamentals:=[];
     Groups:=0;
     NumberAcceptedFundamentals:=0;
     NumberAcceptedParams:=0;
     NumberUnitlessParams:=0;
     Initialize:=proc() description "initialize data for the Pi therorm";
       local inputs, i, j;
       if nargs<>1 then error "one input is required; it is a set of physical parame-
   ters" fi;
       if type(args[1],'list')=false then error "input a list of physical parameters' fi;
       inputs:=convert(args[1],'list');
       ParamNames:=[seq(convert(lhs(inputs[i]),'string'),
   i=1..nops(inputs))];
       ParamTypes:=[seq(rhs(inputs[i]), i=1..nops(inputs))];
       fundamentals:=[Units:-GetDimensions(base)];
       degrees:=array(1..nops(fundamentals), 1..nops(ParamTypes));
       for i from 1 to nops(fundamentals) do
         for j from 1 to nops(ParamTypes) do
           if ParamTypes[j]<>1 then
             degrees[i,j]:=degree(Units:-GetDimension(ParamTypes[j]),
   fundamentals[i])
           else
             degrees[i,j]:=0;
           fi;
```

```
      end do;
    end do;
    j:=0;
    for i from 1 to nops(ParamTypes) do
      if ParamTypes[i]=1 then
        j:=j+1;
        UnitlessParams[j]:=ParamNames[i];
      fi;
    end do;
    NumberUnitlessParams:=j;
    if j>0 then UnitlessParams:=convert(UnitlessParams,'list') fi;
    RETURN();
  end proc:
  Exclude:=proc(ExcludeList::'list')
    description "enter list of fundamentals to exclude from analysis";
    ExcludedFundamentals:=ExcludeList;
  end proc:
  Check:=proc() description "check the parameter specifications";
    local i, j, rowCounts, errorCode, columnCounts, acceptedParams, accepted-
Fundamentals,
        k;
    errorCode:=0;
    for i from 1 to nops(fundamentals) do
      rowCounts[i]:=0;
      for j from 1 to nops(ParamTypes) do
        if degrees[i,j]<>0 then rowCounts[i]:=rowCounts[i]+1 fi
      end do;
    end do;
    for j from 1 to nops(ParamTypes) do
      columnCounts[j]:=0;
      for i from 1 to nops(fundamentals) do
        if degrees[i,j]<>0 then columnCounts[j]:=columnCounts[j]+1 fi
      end do;
    end do;
    # check for a fundamentals row with only one entry
    for i from 1 to nops(fundamentals) do
      if rowCounts[i]=1 then
        printf("Fundamental unit ( %s ) has only one entry within the groups. You
must drop the parameter containing it or add another physical parameter with
that fundamental unit.", fundamentals[i]);
        error "there is a row with only one entry for the fundamental unit";
      fi;
    end do;
    # accept the physical parameters that contain fundamental units
    j:=0;
    #printf("accepted parameters: \n");
for i from 1 to nops(ParamTypes) do
      if columnCounts[i]>0 then
        j:=j+1;
        acceptedParams[j]:=i;
        MatrixParams[j]:=ParamNames[i];
        #printf(" %s \n",ParamNames[i]);
      fi;
    end do;
    MatrixParams:=convert(MatrixParams,'list');
    #printf(" %s \n",ParamNames[1]);
    NumberAcceptedParams:=j;
```

```
    k:=0;
    #printf(“accepted fundamental units: \n“);
    for i from 1 to nops(fundamentals) do
      if rowCounts[i]>1 and not member(fundamentals[i], ExcludedFundamentals) then
        k:=k+1;
        acceptedFundamentals[k]:=i;
        MatrixFundamentals[k]:=fundamentals[i];
        #printf(“ %s \n“,fundamentals[i]);
      fi;
    end do;
    MatrixFundamentals:=convert(MatrixFundamentals,‘list‘);
    NumberAcceptedFundamentals:=k;
    MatrixUnit:=array(1..NumberAcceptedFundamentals, 1..NumberAcceptedParams);
    for i from 1 to NumberAcceptedFundamentals do
      for j from 1 to NumberAcceptedParams do
        MatrixUnit[i,j]:=degrees[acceptedFundamentals[i], acceptedParams[j]]
      end do;
    end do;
    if NumberUnitlessParams>0 then
      RETURN(UnitMatrix=eval(MatrixUnit), Fundamentals=MatrixFundamentals, Parameters=MatrixParams, UnitlessParameters=UnitlessParams)
    else
      RETURN(UnitMatrix=eval(MatrixUnit), Fundamentals=MatrixFundamentals, Parameters=MatrixParams, UnitlessParameters=0)
    fi;
  end proc:
  FindPiGroups:=proc() description “find the dimensionless groups (Pi groups)“;
    local i, j, k, A, B, C, det, Delta;
    A:=Matrix(NumberAcceptedFundamentals);
    for i from 1 to NumberAcceptedFundamentals do
      for j from 1 to NumberAcceptedFundamentals do
        k:=j + NumberAcceptedParams-NumberAcceptedFundamentals;
        A[i,j]:=MatrixUnit[i,k];
      end do;
    end do;
    Delta:=NumberAcceptedFundamentals - linalg[rank](MatrixUnit);
    if Delta>0 then
      error “There are too many accepted fundamental units: “, eval(MatrixFundamentals), “. Use Exclude to remove “, Delta, “ of them prior to the Initialize statement.";
    fi;
    det:=LinearAlgebra[Determinant](A);
    if det=0 then error “The determinant of the right square A matrix of UnitMatrix is zero. Shift the order of the physical paramters in Initialize to get a non-zero determinant.“ fi;
     B:=Matrix(NumberAcceptedFundamentals, NumberAcceptedParams-NumberAcceptedFundamentals);
    for i from 1 to NumberAcceptedFundamentals do
      for j from 1 to NumberAcceptedParams-NumberAcceptedFundamentals do
        B[i,j]:=MatrixUnit[i,j]
      end do;
    end do;
     C:=-LinearAlgebra[Transpose](LinearAlgebra[MatrixMatrixMultiply](LinearAlgebra[MatrixInverse](A),B));
    Groups:=NumberAcceptedParams-linalg[rank](MatrixUnit)+NumberUnitless-
```

```
Params;
        GroupsDef:=Matrix(Groups,NumberAcceptedParams+NumberUnitlessPa-
rams,0);
    for i from 1 to NumberAcceptedParams do
      GroupsLabel[i]:=MatrixParams[i]
    end do;
    if NumberUnitlessParams>0 then
      for i from 1 to NumberUnitlessParams do
        GroupsLabel[i+NumberAcceptedParams]:=UnitlessParams[i]
      end do;
    fi;
    GroupsLabel:=convert(GroupsLabel,'list');
    if NumberUnitlessParams>0 then
       for i from 1 to NumberUnitlessParams do
         GroupsDef[i,NumberAcceptedParams+i]:=1
       end do;
    fi;
      for i from 1 to (Groups-NumberUnitlessParams) do
      GroupsDef[i+NumberUnitlessParams,i]:=1;
      for j from 1 to (NumberAcceptedParams-Groups+NumberUnitlessParams)
do
        GroupsDef[i+NumberUnitlessParams,
Groups-NumberUnitlessParams+j]:=C[i,j]
      end do;
    end do;
    RETURN(labels=GroupsLabel,PiCoeffs=GroupsDef);
  end proc:
  PrintPiGroups:=proc() description “print the Pi groups in math form“;
    local i, j, GroupValues, ParamNames;
    GroupValues:=table();
    ParamNames:=table();
    if Groups=0 then error “no Pi groups are defined“ fi;
    for i from 1 to nops(GroupsLabel) do
      ParamNames[i]:=convert(GroupsLabel[i],‘name‘)
    end do;
    i:='i';
    for i from 1 to Groups do
      j:='j';
      GroupValues[i]:=1;
      for j from 1 to nops(GroupsLabel) do
        GroupValues[i]:=GroupValues[i]*ParamNames[j]^GroupsDef[i,j]
      end do;
    end do;
    RETURN([seq(PI[i]=GroupValues[i],i=1..Groups)]);
  end proc:
 end module:
end proc:
module StorePiGroups()
  description “save Pi groups definitions across multiple searches“;
  local i, NoGroups, NoParams;
  export PiCoeffs, StoreCoefficients, EnterParameters, PiGroupSummary, Initia-
lize, Labels, FindIndependentGroups;
  PiCoeffs:=table();
  Labels:=[];
  NoGroups:=0;
  NoParams:=0;
  Initialize:=proc()
```

```
    description "initialize the storage values to null";
    PiCoeffs:=table();
    Labels:=[];
    NoGroups:=0;
    NoParams:=0;
    RETURN("Initialized");
  end proc;
  EnterParameters:=proc(label::'list')
    description "enter the parameter labels for columns in Pi number storage";
    local i;
    Labels:=label;
    NoParams:=nops(label);
    RETURN(label);
  end proc;
  StoreCoefficients:=proc(label::'list',coef::'Matrix')
    description "save Pi coefficients into master list";
    local i, j, k, NoEntries;
    if not nops(label)=NoParams then error "wrong number of entries in first
argument" fi;
    NoEntries:=op(1,coef)[1];
    if not NoEntries>0 then error "bad matrix of coefficients" fi;
    for i from 1 to nops(label) do
      member(label[i],Labels,'k');
      for j from 1 to NoEntries do
        PiCoeffs[NoGroups+j,k]:=coef[j,i]
      end do;
    end do;
    NoGroups:=NoGroups+NoEntries;
    RETURN(PiCoeffs);
  end proc;
  PiGroupSummary:=proc()
    description "return the stored information on Pi groups";
    local i, j, GroupMatrix, GroupSet, Item, GroupPrint, ParamNames;
    ParamNames:=table();
    GroupSet:={};
    GroupPrint:=table();
    for i from 1 to NoGroups do
      GroupSet:=GroupSet union {[seq(PiCoeffs[i,j],j=1..NoParams)]}
    end do;
    i:=0; j:='j';
    GroupMatrix:=matrix(nops(GroupSet),NoParams);
    for Item in GroupSet do
      i:=i+1;
      for j from 1 to NoParams do
        GroupMatrix[i,j]:=Item[j]
      end do;
    end do;
    i:='i';
    for i from 1 to nops(Labels) do
      ParamNames[i]:=convert(Labels[i],'name')
    end do;
    i:='i';
    for i from 1 to nops(GroupSet) do
      j:='j';
      GroupPrint[i]:=1;
      for j from 1 to nops(Labels) do
        GroupPrint[i]:=GroupPrint[i]*ParamNames[j]^GroupMatrix[i,j]
```

```
      end do;
    end do;
    i:='i';
    RETURN('ParamNames'=Labels,'GroupsDefs'=eval(Group-Matrix),
'PiGroups'=[seq(PI[i]=GroupPrint[i],i=1..nops(GroupSet))]);
  end proc;
  FindIndependentGroups:=proc(SelectedGroups::Matrix)
    description "find all groups that are independent in regards to selected groups";
    local i, j, GroupMatrix, GroupSet, Item, GroupPrint, ParamNames, Indepen-
dentGroups, TestMatrix, IndSet;
    ParamNames:=table();
    GroupSet:={};
    GroupPrint:=table();
    for i from 1 to NoGroups do
      GroupSet:=GroupSet union {[seq(PiCoeffs[i,j],j=1..NoParams)]}
    end do;
    i:=0; j:='j';
    GroupMatrix:=Matrix(nops(GroupSet),NoParams);
    for Item in GroupSet do
      i:=i+1;
      for j from 1 to NoParams do
        GroupMatrix[i,j]:=Item[j]
      end do;
    end do;
    i:='i';
    for i from 1 to nops(Labels) do
      ParamNames[i]:=convert(Labels[i],`name`)
    end do;
    i:='i';
    for i from 1 to nops(GroupSet) do
      j:='j';
      GroupPrint[i]:=1;
      for j from 1 to nops(Labels) do
        GroupPrint[i]:=GroupPrint[i]*ParamNames[j]^GroupMatrix[i,j]
      end do;
    end do;
    # try one row from GroupMatrix at a time for linear independence
    i:='i';j:='j';
    IndSet:={};
    TestMatrix:=Matrix(LinearAlgebra[RowDimension](SelectedGroups)+1,
LinearAlgebra[ColumnDimension](SelectedGroups));
    for i from 1 to LinearAlgebra[RowDimension](SelectedGroups) do
      for j from 1 to LinearAlgebra[ColumnDimension](SelectedGroups) do
        TestMatrix[i,j]:=SelectedGroups[i,j]
      end do;
    end do;
    i:='i';
    for i from 1 to nops(GroupSet) do
      j:='j';
      for j from 1 to LinearAlgebra[ColumnDimension](SelectedGroups) do
        TestMatrix[LinearAlgebra[RowDimension](SelectedGroups)+1,j]:=Group-
Matrix[i,j]
      end do;
      if LinearAlgebra[Rank](TestMatrix)=
        (LinearAlgebra[RowDimension](SelectedGroups)+1) then
        IndSet:=IndSet union {i} fi;
    end do;
```

```
      RETURN(IndSet,'PiGroups'=[seq(PI[IndSet[i]]=
        GroupPrint[IndSet[i]],i=1..nops(IndSet))]);
    end proc:
  end module:
```

Laden der definierten Dimensionen

```
> GetDimensions():
```

Hinzufügen der Dimension einer Spannung

```
> AddDimension(stress=force/length^2);
```

Parameter mit Zuweisung der Dimensionen

```
> l:=length:
  F:=force:
  G:=force:
  Rm:=stress:
  g:=acceleration:
  j:=1:
```

Aufbau des Pi-Theorem-Moduls „Case1"

```
> GeneratePiTheorem(Case1):
```

Eingabe der Parameter als definierte Relevanzliste

```
> Case1:-Initialize(['G'=G,'F'=F,'l'=l,'Rm'=Rm,'g'=g,'rho'=rho,'j'=j]);
```

Überprüfung auf gültige Lösung und Erstellung der Dimensionsmatrix

```
> Case1:-Check():
```

Erstellung der Diagonalmatrix mit den berechneten Koeffizienten

```
> Case1:-FindPiGroups():
```

Ausgabe der dimensionslosen Kennzahlen

```
> Case1:-PrintPiGroups();
```

$\pi_1 = j,\ \pi_2 = \frac{G\, g^2\, \rho^2}{R_m^3},\ \pi_3 = \frac{F\, g^2\, \rho^2}{R_m^3},\ \pi_4 = \frac{l\, g \rho}{R_m}$

A.4 Diagramme analytischer Funktionale

Nachfolgend sind ergänzende Diagramme analytischer Gewichtsfunktionale dargestellt, die nicht in Kapitel 3 aufgenommen wurden, da sie ausschließlich bereits erklärte Zusammenhänge bestätigen. Auf Visualisierung weiterer Konstruktionsformen wird verzichtet.

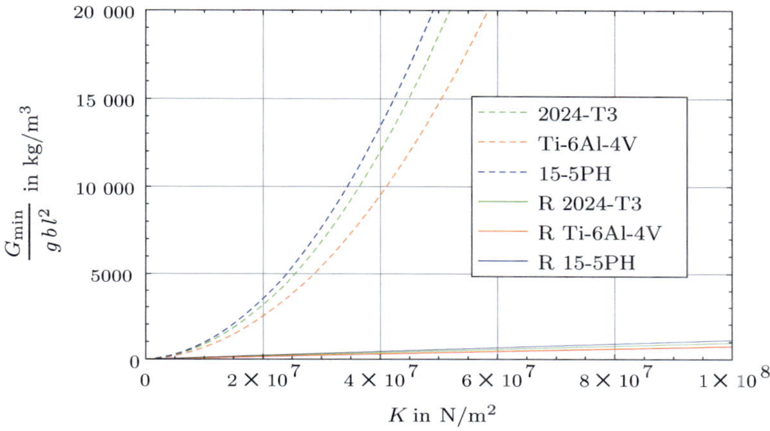

(a) Große Strukturkennwerte

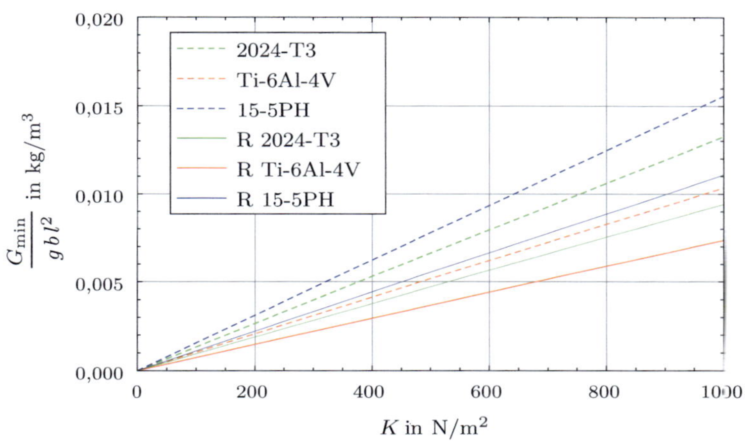

(b) Kleine Strukturkennwerte

Abbildung A.2: Gewichtsfunktionale für einschnittige dreireihige Laschenverbindungen bei Variation des Materials für die Bleche (Material der Niete: Aluminium) und für die ungestörte Referenzstruktur

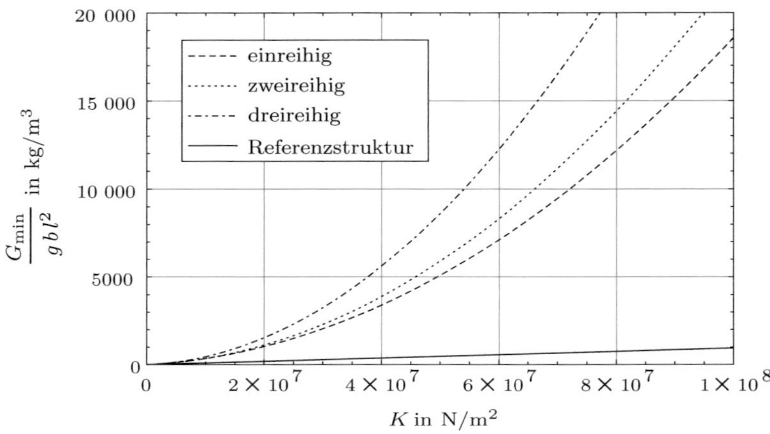

(a) Große Strukturkennwerte

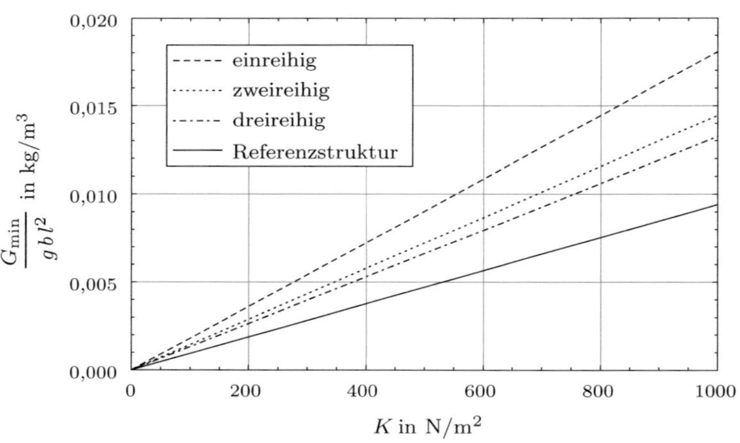

(b) Kleine Strukturkennwerte

Abbildung A.3: Gewichtsfunktionale für einschnittige genietete Laschenverbindungen bei Variation der Nietreihenanzahl (Material des Blechs: Aluminium, Material der Niete: Titan) und für die ungestörte Referenzstruktur